U0141168

藍學堂

學習・奇趣・輕鬆讀

# MicroSkills

Small Actions, Big Impact

# 原子技巧

## 小練習帶來大改變，早知道會更好的10種職場組合技

艾黛拉・蘭德瑞、瑞莎・盧伊斯 著　何玉方 譯

Adaira Landry, MD　Resa E. Lewiss, MD

獻給我親愛的父母

感謝他們從我牙牙學語時帶給我的啟蒙

——艾黛拉・蘭德瑞

獻給我親愛的家人

——瑞莎・盧伊斯

推薦序

# 職場調校器：小小校準，大大飛躍

黃麗燕（瑪格麗特）
WAVE 中小企業 CEO 品牌／領導學創辦人

我常常在想人的身體是一，其他都是零；不管是金錢、豪宅、美酒、旅遊、友誼、愛情……沒有一，再多的零都是零。但我們從出生到長大成人，卻沒有一本「人體使用手冊」，讓我們知道可以怎麼樣讓身體保持在最佳狀態，並因此能夠去追求最多的人生美好體驗。

看到這本書的內容，自己簡直驚呆了，雖然號稱是職場的工具組合包，可以提升工作效率，但我左看右看卻不止於此，根本就是「職場、生活的校準手冊」。

這本書是資訊，也是工具，更是最佳職場、生活調校器；在職場我們很容易因為一句小小的失言，不經意的應對，失了準頭，甚至因此讓機會一去不回頭。而這本書可以讓你透過對情境的了解，協助你調整觀看的角度，用些小技巧，讓你正確面對發生的情境，而不致造成困擾，變成個人的困境或絕境。小小的校準，卻讓你的人生有大大的飛躍。

自己一直在回憶，如果剛進入社會時，有這本書做指引，很多苦不必白吃，很多地雷也不用到處踩，炸的自己渾身傷痕累累。

但就算你是個人工作者，這本書也是幫助很大，與人溝通，照顧自己，建立好自己的名聲，成為專業領域專家，更是建立個人品牌重要基礎元素。

也只有出生底層的這兩個醫學博士，同時也是教育家，才能將職場和人生修鍊場做得這麼詳盡的拆解，同時提出因應的技巧建議，並讓你事先看到可能會發生的困惑，以及可能有的為難與自我懷疑。在一個一個的技巧中，我看到了他們對人的「愛」與「慈悲」。

再好的習慣也需要對的技巧，不斷地練習，才能成為真正有益的習慣，感謝這兩位醫學博士的大愛，可以讓更多的人在面對問題與困惑時，有個安心、容易上手的工具書及顧問團隊，讓人不用在工作或生活中被卡住，並因此發揮原有的天賦，不斷快樂的成長著。

推薦序

# 用原子技巧驅動改變

游舒帆
商業思維學院院長

這本書開頭的一句話，深深打動了我。

作者提到，許多書籍的觀念都很棒，卻因為沒考量到讀者的個別狀況，導致好觀念難以被實踐，而讀者也無法從中真正獲益。

這段話讓我回想起十多年前，我在一家大企業上班，在教室裡聽著台上的前輩授課，課程中的案例很有趣，前輩的口才之好，辯才無礙，外加妙語如珠也讓現場笑開懷。但我心裡始終有個念頭「前輩你真的很棒，但我學不會。」

前輩的性格是天生的，口才則是學生時期參與演辯社練出來的，加上出社會後擔任業務，所以他的應變能力與口才是他數十年人生經驗的累積。因此當他提到面對客戶問題時需要隨機應變時，他腦袋中可能有無數個應對版本，而我，則是腦中一片空白。

我知道需要應變，但卻不知道如何應變。

幾年之後，我有幸被選為企業內訓講師，那時我就在內心告訴自己，我一定要把課程講到連專業基礎或先天條件不好的人都聽得懂。這樣的意念，跟隨我到現在，我所寫的每一篇文章、每一本書、每一堂課程，都會盡可能將內容拆解清楚，輔以生活化的案例，並提供有助於開始執行的模板，如果模板的使用難度還是太高，我會試著將步驟再次拆解，盡可能讓多數人都能理解。

我希望每個讀者或學生，都能透過我的內容而開始行動，讓改變在自己身上發生。

《原子技巧》一書的所提到的觀念與我一直使用的方法不謀而合。作者巧妙地運用了幾個關鍵技巧來協助讀者改變行為並建立習慣。

## 技巧一：拆解與盤點

從職場與生活的十個面向切入，並進一步針對各個面向盤點出七至十項不等的「技巧清單」，數十個技巧清單大致涵蓋了生活中常見的九〇%的問題情境。很多人看不見問題，或者面對問題時不知如何下手，往往不是因為問題太難，而是因為問題太大，太雜，導致我們不知從何下手，也不知可以做些什麼。

當問題被拆解了，變小變單純了，處理起來自然簡單許多，而當技巧被盤點清楚了，面對不同問題該運用什麼技巧自然也相對明確了。

## 技巧二：提高動機

在每個技巧清單中，作者透過「我們為何需要掌握這項技巧」的提問，來讓讀者們意識到這件事的重要性，並讓我們知道做好這件事能帶來什麼樣的幫助，藉此強化動機。

改變無法光靠紀律或意志力來支撐，驅動改變真正有效的方法是意願與動機，前者被迫，後者主動，哪個更容易達成應該是不言而喻。

除此之外，作者還另外提供了常見的失敗原因，一來是提醒讀者不要犯這些錯，二來則是一種體貼的表現，讓我們知道，其實有很多人都跟我們遭遇一樣的問題。當動機被點燃，心防被一層層卸下，我們已經為改變做好準備了。

## 技巧三：提供具體技巧與關鍵行動

動機有了，那我們要如何開始呢？每個技巧清單的最後都提供了關鍵行動，比如「與你信任的人培養良好關係」這項，關鍵行動就是「找出你信任的人」、「持續擴展你的人脈圈」、「設定切合實際的期望」……等七個關鍵行動。

十個面向，數十個技巧清單，數百個關鍵行動，這是兩位作者數十年經歷所淬鍊而來的人生智慧。

建議讀者們可以細細閱讀，看看自己哪些有做，哪些沒做，哪些地方卡關了，在書中找找，或許能找到你需要的答案。

推薦序

# 這是一本「職場力葵花寶典」

單小懿
商周 CEO 學院副院長

在台灣最大的企業家共學平台——商周 CEO 學院待了八年多，面對台上分享的數百位企業家客座教授，印象最深刻的莫過於全球布局最廣的羽絨製造商——合隆毛廠總裁陳焜耀。

今年剛滿七十歲的陳焜耀，人生六十到七十歲這一段，外人以為（連他自己都以為）完成企業交棒，可以重新規畫自己的人生，他也著實計畫並執行了好幾趟壯遊，包括重機哈雷環騎北美洲、歐洲等，沒想到人生最大的逆境等著他：因為長年搭乘飛機、跑超級馬拉松，造成脊椎和髖關節損傷，開刀後面臨嚴峻且漫長的復健；如果復健不成，他未來得在輪椅上度過。（關於陳焜耀的人生逆境紀錄，詳情請見《追求榮耀，超越極限》一書，商業周刊出版）

硬漢如他，絕不允許這檔事發生；從復健至今兩年多的時間，他從坐輪椅、使用助行器，到前幾天完賽、走完一趟三公里馬拉松，其實靠得就是「原子技巧」。

剛開始復健的時候，陳焜耀跟其餘復健者一樣，成天想著「我要站起來」、「我要能走路」，這些目標在專業復健師眼裡，相對不務實、只會打擊自己，多數復健者不信邪，仍會持續撞牆，但是陳焜耀在吶喊「我要站起來」半年後，他很快發現原先自己設定的高難度復健動作其實很難讓自己進步，於是他聽進復健師的話，開始使用「原子技巧」逐漸復健。

什麼是「原子技巧」？說穿了就是做得到的練習。陳焜耀使用的「原子技巧」包括，練習動腳大拇指、抬伸腿、步行等單純的活動，每天做，持續了兩年多，原本看來不起眼的動作，累積到現在成為他站起來的基石，所謂「天道酬勤」，一點沒錯。

花篇幅與各位分享陳焜耀的故事，是要分享「原子技巧」的複利效果；複利，不只用在理財，用在改變、精進現況，也可將不可能轉為可能，美夢成真。

有別於市面上職場生存戰技的工具書，《原子技巧》這本書裡提到的「原子技巧」，偏向培養自我內在素養的「防守型」寶典，而非鍛鍊因應外在環境的「攻擊型」戰技，大致可分為素養養成（第一到四章）、專業奠定（第五、六章）和創造連結（第七到十章）三大部分，這些都曾耳聞的技巧和方法，多數時候散見各大書籍，在這本書中做了系統性的收攏以及細節拆解，猶如一本「職場力葵花寶典」。所謂「攻擊可以得分，防守決定輸贏」，先用這本寶典奠定防禦工事，修鍊其他戰技才會輕鬆得分。

我自己最喜歡的部分是「當好隊友的原子技巧」，其中有一項「與合作者溝通是否要暫時退出」，在團隊中，這個情境未必常見，但只要出現，必定棘手，要怎麼開這個口、要用什麼語氣、要注意哪些細節，作者在書裡詳細拆解了如何操作和該注意的情境和條件，以及關鍵行動是什麼，詳細精準的操作步驟，不禁聯想起作者的醫學教授背景。

與其將此書一氣讀完，倒不如把它擺在床邊當成睡前小品。睡前想想這一天過得如何，略略整理職場上的疑惑、痛點、行得通和行不通之處，翻翻《原子技巧》，裡面十大類、九十招，一定有一招解得了你。

作者引言中提到：「每個人都要為自己的職涯負責，為自己的成功負責」，唯有對此真正覺悟的職場人，才能在職場江湖中知道怎樣處卑賤，知道怎樣處豐富，無入而不自得，同時在自我實現的旅途中，不忍受痛苦犧牲，也不會身心疲憊，直到人生終點，都活得滋潤豐富，沒有遺憾。

# 目錄

| 引言 |

# 適合所有人的「原子技巧」

當我們告訴同事、朋友和家人，我們正在撰寫一本幫助人們應對職場挑戰的書籍時，他們會問：「哦，是針對醫生的嗎？」我們回答：「不是」，接著又問：「那是針對女性的嗎？」我們再次回答：「不是」。

這本書適合所有人，然而，我們相信初入職場的專業人士將從中受益最多，因為剛進入職場時，正是需要入門指南的引導，這可能是我們感到最迷茫無助的時刻——需要有人為我們解開所有疑問。

我們的第一個建議再清楚不過了，不要指望別人來拯救你或你的事業，沒錯，你自己得完全負責個人的職業生涯發展。當然，你可以建立一些人際關係，尋找願意聆聽、指導和支持你的人，但沒有人會因為你的簡報完不完美而睡不著覺，也沒有人會因為你有沒有升遷而感到焦慮或壓力。事實上，不會有人比你更關心自己的職業生涯，道理就是這麼簡單。

為什麼「為自己的成功負責」這個事實會引起這麼多的憂慮呢？

因為人們通常期待你已經掌握了職場上成功的最佳策略，而不是學來的。更糟糕的是，還有一種普遍存在的迷思，認為有些人具備「天賦」，而有些人則沒有。成功人士的特質——能力、野心、謙遜、可靠、良好的溝通——往往被錯誤地認定是天生的特質，而不是廣泛的技能，可以拆解成我們所謂的「原子技巧」（MicroSkills）逐步學習得來的。

《原子技巧》是我們衷心獻給你的禮物，本書的基本前提是易於學習：亦即每個重要目標、複雜任務、健康習慣，甚至我們所認為的核心性格特質，都可以被拆解成簡單、可衡量的技能，這些技能很容易理解、練習和應用。將本書視為蘊含豐富資訊的寶庫，包含了在職業生涯初期就需要的有效解決方案。本書旨在讓讀者立刻感到得心應手，而不是讀到最後一頁才感受到其影響。

我們的承諾很簡單：只要你在星期五購買這本書，到了星期一你的工作表現將會有所提升。

身為屢獲殊榮的教育家和醫生，我們已在許多媒體平台上分享本身的專業知識，包括《快公司》（*Fast Company*）、《富比士》（*Forbes*）、《全國廣播公司商業頻道》（*CNBC*）、《自然》（*Nature*）、《科學》（*Science*）、《Slate 線上雜誌》、《健康新聞網站》（*STAT News*）、《今日美國》（*USA Today*）、《哈佛商業評論》（*Harvard Business Review*）、《青少年時尚》（*Teen Vogue*）、《時尚雜誌》（*Vogue*）、《紐約時報》（*New York Times*）、和《費城詢問報》（*Philadelphia Inquirer*）等。我們親眼見證了原子技巧原則發揮的效力，不只在自身繁忙的工作中，也展現在我們教過和指導過的數百名學生和初入職場的專業人士的生活與職業生涯中。我們曾在 TEDMED 等平台上發表演講，也曾受邀在布朗大學（Brown University）、哥倫比亞大學（Columbia University）、康乃爾大學（Cornell University）、哈佛大學（Harvard University）、約翰霍普金斯大學（Johns Hopkins University）、西北大學（Northwestern University）、賓州大學（University of Pennsylvania）和史丹佛大學（Stanford University）等學術機構開設講座。

我們先來自我介紹一下。艾黛拉．蘭德瑞，醫學博士、教育學碩士，是哈佛醫學院的助理教授。她曾在加州大學柏克萊分校（UC Berkeley）、加州大學洛杉磯分校（UC Los Angeles）、紐約大學（NYU）和哈佛大學學習和培訓。她指導學生和初入職場的專業人士已有十年的經驗。在急診室照顧病人之餘，她還輔導美國各地的大學生，也擔任哈佛醫學院學生的指導老師。她是《富比士》雜誌醫療保健的專欄作家，曾擔任科技初創公司的顧問，也是非營利組織 Writing in Color 的共同創辦人，專門提供由有色人種作家指導的免費課程，教導有色族群寫作技巧。她也是三個小女孩的母親。

瑞莎・盧伊斯，醫學博士，是一位急診醫學教授，曾培訓於布朗大學、賓州大學醫學院、美國國家衛生研究院（National Institutes of Health）和哈佛急診醫學。她致力於支持同儕、學生和各個職業階段的專業人士，已有二十五年以上的經驗。她是臨床超音波領域和創新醫學教育方面的先驅，並在國際上享有盛譽。她也是 TEDMED 的講者和 Times Up Healthcare 的創辦人，致力於推動多元、公平和包容的職場環境。作為《可見之聲》（*The Visible Voices*）播客的創作者、創辦人和製作人，她設計了一系列關注醫療保健、公平和當前趨勢的議題。作為一名醫療保健系統設計顧問醫師，她的關注重點是超音波硬體和工作流程。她曾協助重新設計哈佛大學加護病房和馬拉威（Malawi）傳染病單位的周邊環境。

對我們兩人來說，這都不是一條直達或好走的路，沒有一本書提供我們所需的具體技能藍圖。我們是用了一系列的原子技巧而實現個人目標，這些原子技巧是來自於各種已發表內容、經驗、觀察和彼此互相幫助學習彙整而成。我們不希望你的旅程像我們的一樣充滿挑戰，而是希望你能實現你所嚮往的成功，並以本書為指南，讓你更快達成目標。請放心，我們身為醫生，在全書中都強調自我照顧和善待自己，因此，我們提供了一個藍圖以應對常見的職場挑戰，同時又不犧牲自己的健康。

在準備撰寫本書之前，我們深入研究了自我成長和專業發展領域、聽講座、參加研討會、閱讀職場相關的書籍和文章。我們與各行各業的人士交流，包括商業界、醫學、行銷、科技、法律、平面設計、教育、零售和藝術等領域。我們發現了共通的主題以及巨大的落差。許多書承諾提供巨大價值，也聲稱幾乎任何人都能實際運用所學，然而，我們知道事實並非如此，這些書籍雖然立意良善，但許多教導並未達到預期的成效。

為什麼呢？

雖然這些參考資料都聲稱適用於所有人，但大都是從一個假設開始，很難引起讀者的共鳴。我們看到作者、教練、教授和高階主管都預先假設了讀者的優勢和能力，包括他們的可支配收入、社交圈的範圍、空閒時間、與主管溝通的自信程度、心理健康以及個人身分標誌（如能力、年齡、性別和族群）。很遺憾，在自稱能幫助大眾的圖書類別中，大多數書籍的作者是白人男性，即使不是出生於富裕家庭，至少有機會接觸到有助於成功的人脈、時間和機構資源。這些作者分享本身的見解並無可厚非，然而，我們發現，一些作者預設的立場可能會在無意間忽略了別人所需要的關鍵步驟、教導或資源，使人錯失機會。對於沒有足夠的心力、人脈或可支配收入的讀者來說，許多書籍可能會引發無力、羞恥、困惑、難以承受和沮喪的感覺。

因此，我們寫了這本書，這是我們在自己的職業生涯初期就希望擁有的書籍。

《原子技巧》旨在避免對讀者的現況有任何假設。每一個章節都按照相同的格式結構，使讀者能夠按部就班地學習並熟練書中提供的方法。我們的主要目標是運用四種教學工具來減少預設立場：

1. **自己的人生經驗：**這些人生故事具有情感功能，旨在觸動讀者。故事能夠連結人與人之間的情感，我們希望你會對我們的經歷產生共鳴，從中看到與自己的共通之處。每一個原子技巧都是以我們生活中的真實故事為基礎，用來說明我們想要傳達的宗旨。
2. **因應改變的需求：**我們並不希望你只是為了改變而改變，而是希望你相信自己需要成長，並且激勵自己進步，在工作中有更出色的表現。每一個原子技巧都會闡明其重要性：如果你掌握了這個技能，會產生什麼影響；如果沒有掌握，又會有什麼後果。

3. **改變時遇到困難是正常的現象：**我們非常了解人都會傾向於安於現狀，但我們希望你不要停滯不前，抱持普遍的心態認為「只要達到基本要求就好了」。每個原子技巧都會明確指出該技能為何難以掌握和應用。我們盡量避免對你的教育程度、經驗、資源管道或興趣抱持預設觀點。
4. **關鍵行動：**我們在書中並未探討理論概念，而是提供如何提升工作表現的實用小技巧和操作秘訣。我們將原子技巧拆解成幾個關鍵行動，幫助你清楚看到構成完整技能的各個要素。按照行動 A、B、C 循序漸進，觀察這些行動如何相互增強。探索每個原子技巧的關鍵行動，找出需要注意的缺失。

我們相信辨識、學習和整合原子技巧將有助於你應對任何挑戰。例如，在急診部門，我們利用原子技巧來提供更好的病患照護。想像一個沒有呼吸、心跳停止的病人，需要緊急進行心肺復甦。照顧那位病患需要一系列的原子技巧，包括立刻分配團隊成員特定任務、決定優先施打的藥物、根據特定的速度和節奏實施壓胸按摩、每隔一段時間就檢查脈搏，並在壓力巨大的時刻保持冷靜。

我們也利用原子技巧來引導在學術醫學領域的職業發展。為什麼需要這樣的技能呢？和其他許多領域一樣，醫學界也是很少有女性被指派為領導者、晉升為教授[1]，或獲選為獎項得主[2]。這是一條充滿挑戰又令人氣餒的道路，如同其他領域存在的薪資不公問題，女性醫生和男性醫生進行同樣的工作，卻沒有得到相同的薪資待遇[3]。儘管美國醫學院的女學生占大多數[4]，且醫療保健行業八〇%的工作人員也都是女性，但在領導職位上的比例並不相符。過去二十五年來，女性在擔任主任或院長職務方面幾乎沒有增加[5]。瑞莎在她二〇一七年所加入的部門中，成為首位的女性急診醫學教授。若納入多重身分認同考量時，這種不公的現象更為明顯。例如，在美國，黑人醫生的比例不到六％[6]。艾黛拉在她所在的部門連續六年都是唯一的黑人女性實習生，也是唯一的黑人女性教職員。有色人種在醫師當中一直代表性不足，這情況令人沮喪。醫學領域中，有四〇％的女性在完成培訓後的六年內，轉為兼職或完全退出醫界[7]。二〇二三年一項研究顯示，女性急診醫學醫師離職的平均年齡為四十五・六歲，而男性則為五十九歲[8]。因此，在我們的專業環境中生存，需要有強大的毅力和熱情。想要有所提升，我們必須策略性地適應並深入理解這個長久以來系統性地壓抑人們成長和發展的職場。

我們會利用這些原子技巧，幫助你將達到成功的系統拆解成基本的構成要素。如果早點知道有此策略，我們的職涯發展就會更顯著、更快速，且更有效率。

讀者可能會問，我們書中為什麼沒有專章討論多元化、公平性和包容性議題。就像在職場上沒有為弱勢者（例如女性、同性戀、黑人、低收入者或身障者）設立專門章節一樣，我們決定將個人身分的影響因素貫穿整本書。你將在整個閱讀過程中看到我們的各種身分面向。我們分享個人的觀點、我們對世界的看法，以及外界對我們的觀感。我們提供策略建議和範例故事，這些對任何人都有幫助，尤其是那些因自身身分而感到處於劣勢的人。

我們在構思和撰寫《原子技巧》的架構時，不時穿插這三個真理：

## 真理 1：時間是有限的資源

作為急診科醫師，我們從來沒有空閒時間，如果不再需要執行某個任務，就會立刻用省下來的時間去處理其他事。無論我們怎麼看，每分每秒都非常寶貴，事實上，在生死攸關之際更是如此。然而，即使工作與生死存亡無關，每個人都還是一直花時間在工作上，或是思考如何分配工作時間。如果不再需要進行某個任務，時間是絕不會被存下來留待日後使用，會有別的事占據這段時間。

## 真理 2：世界並不平等

每個人在世界上都有著不同的經歷和資源，任何同儕群體在教育、知識、財富、個人身分、家庭責任和人際關係等方面都會有所差異。有些人會從家人或朋友那裡得到我們所謂的「職場教戰指南」，而許多人則沒有這樣的幫助，必須自行摸索生存和成功之道。雖然原子技巧無法解決職場上全球不平等的問題，卻可以幫助讀者評估自身的優勢和不足之處，以及所擁有或缺乏的資源。藉著主動學習技能來消除不平等，你會開始在職場中增強自信心。

## 真理 3：只要有機會，學習是無止境的

在世界上沒什麼東西像人的學習潛力一樣越用越多。在職場中，對學習抱持開放態度能夠提升自身的能力、專業知識和事業發展。獲取知識的管道可能會受到限制，例如資金不足、家庭責任、身心障礙等。《原子技巧》無法涵蓋關於職場的一切，但會教你如何辨識並填補自己的知識不足之處，進而更加容易實現成功。

職場環境很複雜，因為沒有人能單獨成事。任何工作環境都有三大支柱：個人、團隊和工作，在閱讀本書時，考慮這三點是很重要的。我們建議的一些策略和技能與你個人有關：如何優先考慮自己的行事曆和處理眼前的機會；有些則涉及到如何與團隊互動：清晰溝通、提供支援等；其他部分則引導你如何思考和完成工作，包括遵守時間表和建立專業知識。

本書必定會對你的職業生涯產生重大影響，但我們需要表明最後一件事，亦即在工作中追求進步並不代表要忍受極度的痛苦、不斷自我犧牲，或是讓自己身心疲憊。我們身為醫生，衷心希望你在追求目標的過程中維護自己的身心和社交健康。《原子技巧》以同情心和策略為核心，關注你的需求，幫助你在職場中有更出色的表現。

# 第1章
# 好好照顧自己的原子技巧

瑞莎

在我四年的急診部門住院醫師生涯中，我在值班期間從未好好吃過一頓正餐，不是只有我這樣，而是個普遍現象，這種職場文化基本上讓我們相信自己沒時間吃飯，也沒必要好好照顧自己。我看著同儕和教職員工連續八到十個小時都沒有進食或喝水，我也經歷過，但我無法忍受那麼長時間不吃東西。我記得在照顧危急病患時肚子餓的感覺，也曾在與顧問通電話時感覺餓到發抖或脾氣暴躁。我想出了一個解決辦法，讓我不會在部門消失太久或惹上麻煩，那就是每次輪班時，我都會趕到咖啡店，買個溫熱的麵包和一小杯咖啡，然後，在趕回部門的途中吃掉麵包，並在值班期間慢慢喝著咖啡，那就是我的一餐。

所有人都希望全心投入工作並保持身體健康，我們都想蓬勃發展，而不僅僅是勉強求生存。根據《韋氏詞典》的定義，自我照顧（self-care）是指為自己提供健康照護，通常不需要諮詢醫療專業人員[1]。如果沒有人為我們樹立這種自我照顧的榜樣，對我們來說，可能就不會是一件自然的事。由於許多職場文化通常都鼓勵人們犧牲自我，並忽視生理需求，如進食、喝水、上廁

這是自我照顧

這也算是自我照顧

照顧自己是指建立目標感和實際行動，讓自己在職場和生活中都感覺良好，每個人可能都有不同的方式。

所、生病時請假，和獲得充足的睡眠，我們可能不會自發地全心全意照顧自己。

我們總是隱約感覺，每當提到好好照顧自己時，想到的都是血拼、度假，以及全身美容 SPA。雖然這些都是自我照顧，但只算是定義中的一小部分，情感和心靈的療癒與保護才是更重要的目標。照顧自己是指建立目標感和實際行動，讓自己在職場和生活中都感覺良好，這是關於設定界限，並毫無畏懼地堅守這些界限。

這麼說也許讓人感到意外，但其實醫生並不特別健康，也不擅長照顧自己。醫生非常善於幫助他人，卻不擅長尋求幫助、分派任務，或停下來放鬆一下。醫師族群中的憂鬱症、物質濫用障礙和自殺率較高。據報導，男性醫生的自殺率高於同齡男性四〇％，而女性醫生的自殺率則高於同齡女性一三〇％[2]。許多州的醫學委員會在州牌照的審核過程中都會問一些涉及個人隱私的心理健康問題[3]。對於討論心理健康診斷以及醫師尋求治療方面，依然存在負面標籤[4]，這些情況促使醫生長期忽視自身的健康。我們知道這種忽略自我照顧的問題不只存在於醫學領域，也堅信透過學習和實踐原子技巧，可以有效提升自我照顧能力。

為什麼要在一本職場導航的書中開設關於照顧自己的章節呢？因為你需要牢記這個殘酷的事實：你可能熱愛工作，但工作不會回報給你同樣的愛。你服務的公司、機構或工作本身不會回報你的愛[5]。你可能愛你的同事，這些同事或許也非常關心你，這一切可能都是事實，但你的工作本身並不是你的家人。既然工作並不會回報你付出的愛，我們希望你能明確界定在工作之外有意義的生活，並體認到除了職業以外自己還有其他的需求和成就感。

本章將介紹九種原子技巧，幫助你提升自我照顧的能力。

### 好好照顧自己的 9 種原子技巧

① 與你信任的人培養良好關係
② 明白感恩的重要性，向他人表達感激之情
③ 讓自己睡得好
④ 刻意休息
⑤ 管好個人財務
⑥ 把自己打理得乾淨清爽
⑦ 省去無聊或毫無意義的日常事務
⑧ 用行事曆做好計畫
⑨ 限制會議時間

## ① 與你信任的人培養良好關係

### 具體的技巧是什麼？

尋找並招募你的私人顧問團成員。

艾黛拉

醫生總會擔心給了病人錯誤的藥物劑量，這種恐懼感在我剛成為住院醫師時竟成了現實。有一位病人突然心臟驟停且沒有呼吸（cardiac arrest），在急救病房裡，醫療團隊成員互相喊叫，忙成一團。我的主管下令給藥，護理師拿給我一支針筒，裡面裝了病人所需藥量的三倍，我以為這是主管開的劑量，而她以為我應該知道只需要給病人所需的量，最後，我施打了錯誤的劑量。在我給藥之前，病人已經死亡了，藥物劑量並非導致死亡的原因，但是不管怎麼說，這總是一個錯誤，我感覺糟透了。心跳驟停垂死的病人即使心肺復甦進行得順利，感覺也不會太好，若再加上醫療失誤，就會加劇靈魂創傷。在值班結束時，我打電話給另一位醫生同事，談論這個錯誤。我相信這個人不會對我多加批評或指責，也不會想要嚴厲的教訓我。我的判斷是對的，對方只是靜靜聽我訴說，給我一些安慰和鼓勵的話，讓我感覺好多了。

## 我們為何需要掌握這項技巧？

在孤立環境中想過健康的生活很難，同樣的，在孤立環境中工作也不容易，無論是在職場還是在日常生活中，都需要與人互動，來幫助你保持身心健康。世界上存在一些「藍區」（blue zones），是百歲人瑞數量最多的地區，他們的長壽秘訣之一就是建立與他人互動的社群[6]。我們在全書中所提及的「私人顧問團」指的是由你信任且尊重的人所組成的小團隊，他們就在你身邊，能夠幫助你取得成功，並在你遇到困難時給予支持[7]。你的私人顧問團可以是同儕，也就是和你有相同水準、培訓經驗和同階級的人，其中一些成員扮演著「失意知己」（failure friend，或譯：挫折之友、失敗知己、打氣者）的角色。在醫學界，當我們遇到一個特別令人痛苦的病例，感覺自己很挫敗時，都會打電話給失意知己訴苦[8]。失意知己是你在未能取得理想工作或綜合評鑑結果不夠出色時，你會想要打電話傾訴的人。這些朋友會在你身邊給予支持，即使面對尷尬的情況，也會對你直言無諱地表達意見，他們能提供不同的技能和觀點、彌補你的不足、幫助你學習和成長。

## 這項技巧為何難以達成？

- 抱持著警戒心就很難在有求於人時找到願意幫忙的人。
- 投入社群需要花時間、精力、願意展示自己脆弱的一面，還要有高情商。
- 你可能會看錯人，很失望地發現他們既不值得信賴，也不願意幫助你。

## 培養這項原子技巧的關鍵行動是什麼？

**找出你信任的人：**問問自己，如果工作中出現緊急狀況，我會找誰求助？和誰互動後總是能讓我感到心情比較好？我身邊有沒有特別擅長處理衝突和困難對話的人？誰很冷靜成熟又有智慧，讓我想效法？誰是我信任的人，不會把我的危機散播成八卦消息？那些總是會回覆你電話或訊息、讓你感到自在又安心的人，就是你最好的私人顧問團成員。

**持續擴展你的人脈圈：**想像一張不斷擴大的桌子，由私人顧問團成員所組成，在那張桌子上預留空位。問問自己：我在生活領域當中哪些方面需要幫助，比如主持會議、制定議程、時間管理？總是樂意邀請優秀人才加入你的圈子，這樣可以避免你對任何一個人造成過多或太頻繁的負擔。我們也希望你能了解，隨著你的技能增長和需求變化，人際關係的起伏是很正常的。

**設定切合實際的期望：**這一群人會不斷變動，今天與你關係密切的人，明年可能因為各種原因而無法繼續保持聯繫，不要期待這些關係會持續活躍。詢問他們喜歡用什麼方式溝通，是打電話、電子郵件，還是簡訊。他們

永遠保留空位，樂意邀請優秀人才加入你的圈子，這樣可以避免你對任何一個人造成過多或太頻繁的負擔。

希望你直接聯繫還是透過助理？除非經過他們允許，否則千萬不要假設你可以隨時給對方打電話、發郵件或傳簡訊。

**定期保持聯繫：**主動保持聯絡，花點時間與你的人際圈交流，找他們聊聊天、一起吃頓飯或散散步。與他們交談，真誠地表達想要認識他們的意願。請記住，展示脆弱的一面有助於讓對方更深入了解你。提問題、分享最新近況，並問他們是否願意繼續保持聯繫。

**多付出，不要只是一味索取：**想一想你對私人顧問團成員能提供什麼協助：發送他們可能感興趣的機會、提名他們參選獎項、發送一封表揚郵件給他們的上司、邀請他們參加社交聯誼活動、向他們表達感激之情。

**優先考慮多元化：**讓你的顧問團組合多元化，不必全都是與你相似或從事相同工作的人。多認識一些比你更年長或更年輕的人，或與你在性別、族群認同不一樣的人，你可以從有不同生活經歷和價值觀的人身上學到東西。

**因應違反信任的行為：**你的機密對話總是有可能被人洩漏，如果你發現有人違背你的信任，不妨評估原因。如果這種情況一再發生，可能代表這個人對於你的自我照顧或私人顧問團的運作並無益處。建議你直接溝通，聽聽對方的解釋，然後決定是否要讓這個人繼續留在你的圈子裡。



## ② 明白感恩的重要性，向他人表達感激之情

### 具體的技巧是什麼？

經常向他人表達你的感激之情。

瑞莎

我記得曾遇過一位病人，讓我學會了如何與家人進行「臨終」後事的討論。當時我只是一名住院醫師，一位被診斷出乳癌轉移的病患來到急診室，她身體很虛弱、瘦小、承受著極大的痛苦、生命垂危。我和一位資深醫師將她的家人帶到專門用於進行困難對話的房間內，我看著他巧妙地引導家屬為病人的「身後事」做準備，每個人都顯得如釋重負、內心平靜。幾年後，我成了資深醫師，在值班時，將一位癌症病患從急診室轉入醫院住院，他需要靜脈注射抗生素來治療感染，他和他的伴侶都很和善，也心存感激。不久之後，他又被送到急診室，但我沒有認出他。他的癌症已經惡化，體重減輕許多，身體非常虛弱，血壓也很低，幾乎無法說話，恐怕不久於世。他的伴侶認出了我，以毫不在意的友好口吻說她要去吃飯，並隨口問了病人是否需要住院（一般家屬通常並不知道親愛的家人病況有多嚴重）。我將她帶到一個私密空間，進行了一場艱難的對話，就像幾年前我目睹資深醫師進行的情境一樣。「他現在病得很

嚴重，即將不久於世，妳最好不要離開太久，妳應該打電話請孩子們盡快到醫院來」。一名急診護理師告訴我，病人的伴侶第二天來找我，表達她對那次對話的感謝之意。後來我給那位資深醫師寫了一封信，感謝他所教導的一切，他告訴我他把這封信收藏起來，並不時地回顧重讀。

## 我們為何需要掌握這項技巧？

許多人常被教導要有禮貌：要為人開門、常說「請」和「謝謝」。然而，感恩之情不只是表面上的一句客套話，而是一種自覺的行為和態度。表達感激對於自己和對方都有益處。感恩的習慣對你的睡眠品質和體驗快樂的能力會產生積極的影響[9]。感恩的心態會令人感覺更樂觀、更慷慨，並減少孤立感，同時有益於你的心理健康，也會強化你的人際關係。

## 這項技巧為何難以達成？

- 感恩行為是需要付出努力、思考和實踐的。你可能很忙、可能會忘記，或者把別人視為理所當然。
- 也許你並不重視感恩的價值。
- 工作同事和主管不常表現出積極的感恩態度和行為。
- 容易沉迷於負面情緒和想法之中。

## 培養這項原子技巧的關鍵行動是什麼？

**培養感恩的習慣：**放慢腳步，細心觀察你的周遭，想想那些讓你學到寶貴經驗的人，和那些支持你的人培養關係，向他們表示感謝。在每天或每週特定的時間，將你感激的人、情境、物品和概念寫下或大聲說出來。艾黛拉在晚餐時經常會問家人：今天有什麼事情讓你非常高興？每天記錄下感恩的時刻，無論是記在心中，或是以電子檔或紙本形式列出。感恩的表達不受時間或地點的約束，不管是在開車、運動，還是冥想的時候，你都可以開始針對一件或多件事情表達感激之情。

**記錄你表達感謝的次數：**注意自己一天中說了多少次「謝謝」。有沒有錯過表達感謝的機會？你的生活中是否還有許多人值得你表達真誠的感謝和欣賞？你是否可以立即與某些人聯絡，向他們表達謝意？

**找個好的感謝方式：**比起單純的口頭道謝，不妨考慮以更積極的行動表達謝意，如親手寫的感謝卡、一則簡訊，或是在會議或聊天後發送電子郵件等方式。要明確地傳達你欣賞對方的什麼特點和具體事跡，「感謝你指出那個笑話不夠尊重、也不專業，感謝你的仗義執言，我當時心裡很不舒服，整個人都僵住了。」並不需要透過實質禮物來表達你的感激之情，但是如果你認為送書、鮮花或冰淇淋是合適的，那就去做吧。

# ③ 讓自己睡得好

## 具體的技巧是什麼？

培養有益於身心健康的睡眠習慣。

瑞莎

我很晚才領悟到「健康之本在於睡眠」的觀念。對於那些在睡眠不足的情況下還能正常運作，能夠晚上熬夜，又能一大早就起床工作的人來說，急診醫學是一個理想的職業，而睡眠剝奪已經深植於「醫生培訓」的文化中，輪班工作的上下班時間都不固定。我記得在大夜班結束後開車回家時，暗自希望一路上不要遇到紅燈或停止標誌，才不會打瞌睡。在紐約市，我上完夜班後搭地鐵回家時總是會站著，因為坐下來可能會讓我不小心睡過頭，在皇后區醒來，錯過了我在曼哈頓的下車站。當我發現自己從夜班中恢復得更慢，需要好幾天才能回到正常狀態，我對於睡眠的心態便有所轉變，我開始關注自己的思維清晰程度、情緒和身體狀況，也會閱讀有關睡眠科學與衛生保健的相關資訊，如今，睡眠已經成為我維護健康的首要重點之一。

## 我們為何需要掌握這項技巧？

大多數人每天需要七到九個小時的睡眠[10]。開始留意一下。如果你沒有遵循規律的睡眠時間和作息，你會發現自己容易感到身體倦怠、精神疲勞、情緒不穩、煩躁易怒、生產力下降，和思維不清晰。睡眠不足會對健康造成真正的風險，包括壓力、肥胖和憂鬱等問題[11]。即使你想要有一夜好眠，在職場中很常見的早會文化也可能使你無法獲得充足的睡眠而影響健康[12]。

## 這項技巧為何難以達成？

- 良好的睡眠習慣往往未受重視，有些人甚至因只需少量睡眠而自豪。
- 你有截止期限、責任、壓力和數位媒體刺激，這些都會影響到你的睡眠。
- 家庭或是工作中的壓力可能會加劇失眠問題。
- 你誤以為酒精、興奮劑和藥物能幫助睡眠[13]。

## 培養這項原子技巧的關鍵行動是什麼？

**調整你的心態：**減輕心理重擔，找出並排除那些會刺激思緒，造成心情波動的因素，例如收看晚間新聞、瀏覽社群媒體、與同事或家人進行有壓力的對話等。

**紓解情緒：**緩慢的深呼吸可以刺激褪黑激素的釋放，降低交感神經的活動，進而放鬆身體[14]。嘗試感恩練習，大聲說出或寫下你所感恩的事物[15]。考慮使用放鬆或冥想的應用程式，例如 Headspace 或 Calm。

**暫時遠離壓力：**家庭生活可能充滿壓力，原諒自己讓碗盤堆在水槽裡，或孩子的午餐還沒準備好就上床睡覺。你無法做到凡事完美，也沒有人要求你這樣做。在睡前幾個小時寫下隔天的待辦事項清單，讓自己放心一點。如果明天行程看起來很繁忙，看看有哪些事情可以延後或取消。不妨多花點時間與生活中你所在乎的、也同樣關心你的人互動交流，或是獨處一段時間。

**注意時間：**每天盡量都在同一時間睡覺和起床，包括週末在內，避免通宵熬夜讓自己因工作壓力而長時間盯著螢幕。如果你的工作性質需要你連續熬二十小時，直到凌晨三點還在處理電子檔案，不妨停下來問問自己：這樣會讓我感到快樂嗎？這樣對我的健康有益嗎？我為什麼要一直這樣逼迫自己呢？

**調整環境溫度：**房間內不應該太冷或太熱，人在冷得發抖或熱得冒汗時，都很難入睡。

**減少噪音和聲音干擾：**聲音和光線會影響你的睡眠品質[16]。如果你難以入睡，試著保持房間黑暗、安靜和舒適，黑暗的房間還可以改善你的心理健康[17]。黑色遮光窗簾是值夜班急診醫生的首選，眼罩也很有效。有些人覺得白噪音機很管用。電子產品，如手機和筆記型電腦，可能會干擾睡眠，所以在睡覺前至少一小時要避免使用。

**避免刺激性食物和飲料：**大餐、酒精或咖啡因可能會導致入睡困難或睡不好，更不用說可能會刺激或加重胃酸逆流，在睡前要盡量避免這些飲食[18]。

**了解藥物的影響：**這是一個很廣泛的話題，我們會盡量簡短討論。褪黑激素對某些人有效（而非所有人），這是大腦針對黑暗反應所產生的一種荷爾蒙，也可以用藥物補充。如果你覺得需要非處方藥之外的其他治療方法，應該尋求醫生的建議。切忌用酒精和止痛藥物來幫助入眠。

**規律運動：**有些人在白天運動效果更佳，而有些人則更適合在晚上運動。如果你習慣晚上運動，應保持適度，以免在睡覺前腎上腺素激增。整體而言，運動有助於提升睡眠的品質[19]。

**嘗試不同的例行活動：**如果你每晚的例行活動沒有什麼成效，就不要一直繼續下去。艾黛拉喜歡舉起雙臂，慢慢地繞小圈圈，使肌肉疲勞，每天晚上也都會使用電風扇（即使在波士頓的冬天亦然）。瑞莎則認為熱水淋浴或泡澡有助於入睡。沒有什麼方法是一體適用於所有人，因此不妨嘗試各種策略。

# ④ 刻意休息

## 具體的技巧是什麼？

休息與工作同等重要，都需要有計畫和主動。

瑞莎

早期我總是認為，越是努力工作，能取得的成就會越高，我認同熬夜工作，也願意犧牲睡眠和休息時間來追求目標。醫學界的工作文化讓人別無選擇，在每天八小時排班期間，我會在值班的前後時段安排演講或會議，而在沒有排班的那幾天，我會主持研討會、撰寫論文等。我記得在讀到支持「自主休息」（deliberate rest）（或譯：刻意休息）的研究證明時，我的心態有所轉變，開始認為刻意遠離工作一段時間，即所謂的「自主休息」，可以讓人在工作時更具生產力和效率。我開始意識到我的工作方式既無效率，也不健康，讓我缺乏活力，也沒有把自我照顧放在首位。當我確保自己每天做運動、在大自然中散步、小睡片刻、享受閱讀、和別人聚餐、與親密好友相聚時，我發現自己的工作效率大幅提高。



## 我們為何需要掌握這項技巧？

自主休息是有益健康的，有助於你更加專注、提高生產力和更有效率[20]。方洙正（Alex Soojun-Kim Pang）在他的《用心休息》（*Rest*）一書中寫道：「休息並非世界給予的恩賜，也從來不是在你處理完其他所有事情後就會做的事。如果你真想要休息，你必須自己主動去尋找，你必須抵抗忙碌的誘惑，為休息騰出時間，認真看待此事，而不要總是讓試圖剝奪你休息時間的外界所影響」[21]。自主休息的觀念聽起來好像是放縱或奢侈，我們也知道這個原子技巧的道理或許很簡單，但要做到卻很難。

「第二輪工作」（second shift）是指在一整天工作結束後，回到家需要處理的家務和育兒責任[22]，這些職責大都是由女性承擔。我們也注意到，單親家長在下班後也很難有時間休息。被必要的責任所淹沒時，想找時間休息實在不容易。因此，當你急需休息的時候，只要一有機會，就該好好把握。

自主休息並不是指瀏覽社群媒體或是追劇，這些媒體會帶來刺激，增加壓力，也會剝奪你放鬆、反思、質疑和檢討的機會。艾黛拉會在週末刻意休息，減少在辦公桌前的工作時間，把重心放在家庭生活和園藝上。瑞莎每天早上都會刻意休息，早起做瑜伽和冥想。在工作之餘，我們需要慎重並刻意安排一些活動。我們不能一直長時間工作：這對身體健康不利，其實反而會導致工作效率低落。

## 這項技巧為何難以達成？

- 你沉迷於工作，也很享受工作效率帶來的成就感。
- 你擔心錯過機會、錯過郵件、未能按時完成計畫，或失去競爭優勢。
- 由於資源有限或有必須履行的職責，想要自主休息似乎不太可能。

## 培養這項原子技巧的關鍵行動是什麼？

**慢慢改變行為模式：**不用急於一夜之間改變你的生活方式，一次嘗試一個改變，找出新的方式讓自己好好休息，允許自己小睡一會兒，或是靜坐一下，而不是久坐辦公桌前不斷處理公事。和朋友一起散個步，回來後以更平靜、更清晰的頭腦繼續撰寫工作提案，或是遛狗後泡個澡。

**保護你自主休息的權益：**把這些視為重要時段，無需向他人解釋，比方說，你沒必要告訴別人你已經安排了和朋友聚餐，所以無法參加晚間的工作活動。然而，許多人可能會因斷然拒絕別人而感到不自在。如果是這樣，只需說：真的很抱歉，我不能參加，我有其他安排了。當你越來越重視自主休息的必要，就越容易與團隊和工作場所設立明確的界限，同時，你也會更有動力重新投入工作[23]。

**管理電子郵件：**很容易感覺自己無時無刻不在工作。如果你的工作性質沒有要求你全天候待命，不妨設置一個「外出自動回覆訊息」（out of office message），請別人在特定時間發送郵件。或者，你可以在郵件簽名中註明，「我的工作時間為週一至週五上午九點至下午五點，我會在這段時間內回覆郵件。」

# ⑤ 管好個人財務

## 具體的技巧是什麼？

規畫和追蹤個人的財務狀況。

艾黛拉

我在完成住院醫師培訓時，背負的學生貸款高達二十八萬四千美元，其中許多是高利率貸款，利率高達八％和九％。我在住院醫師培訓的四年期間，真的從未關心過我的貸款。等到我畢業時，心想：「嗯，我到底欠了多少錢？」這才倒抽了一口氣，受到驚嚇，我的未婚夫（如今是我丈夫）也感到非常震驚！我決定擺脫這種壓力（我指的是貸款，不是未婚夫）。我對學生貸款有了更深入的了解，也發現了一些在財務上有利的選擇（比如學生貸款寬免），和更有助於心理健康的辦法（盡早還清貸款）。我制定計畫優先處理高利率的貸款，很有策略地擺脫了債務，花了三年時間還清了所有貸款。當然，我有醫生收入這個巨大優勢，而且當時我還沒有孩子，所以可以大量加班，我靠著吃泡麵過日子，幾乎從不度假。說真的，雖然我不建議每個人都這樣做，但這對我來說是一個重大教訓，提醒我要好好管理個人財務，我從此再也沒有忽視過我的財務責任了。

## 我們為何需要掌握這項技巧？

透過培養健康的財務習慣，你將能夠實現財務獨立，亦即擁有自主權，可以隨心所欲做出個人和專業上的選擇（如提前退休、旅行、購買度假屋、改成兼職工作）。比方說，艾黛拉二十五歲時就開始制定她的財務計畫，到了三十五歲時，她成功地將急診室的輪班職責從全職改成兼職——每月從十二個班次減少成七個班次。現在管理好你的財務狀況，將來就會有能力應對未知的風險和機遇。

## 這項技巧為何難以達成？

- 財務管理似乎過於繁雜，你可能會因此拖拖拉拉、不知從何著手，或是選擇完全不去處理。
- 你沒有長輩給的或繼承來的財富。
- 由於個人理財在學校教學中尚未普及，你對財務知識的了解有限。

- 由於學貸、房貸、租金和育兒費等需求都少不了，讓你覺得無法享受自由。
- 你可能不太看重金錢，因此制定財務策略並非你的首要目標。

## 培養這項原子技巧的關鍵行動是什麼？

**面對財務困境：**財務壓力可能讓你想迴避這個問題，進而使情況變得更糟。逃避不會讓財務困境消失，不妨找你信任的人談一談，他們可以幫助你應對壓力。找一位財務專家當你的私人顧問團。有很多方法可以幫助你學會輕鬆管理資金。請記住，財務問題不是一天之內就可以解決的。

**評估債務現況：**每個人對債務都有不同的看法和處理方式，通常受到成長環境和身邊長輩金錢觀念的影響[24]。無論多麼可怕，你都應該追蹤自己的債務狀況，盤點一下，如信用卡、個人貸款、學生貸款、汽車貸款等，全部都要列入考慮。有一些債務可能是必要的，比如抵押貸款或學生貸款，有些債務或許可以透過政府或雇主的各種計畫得以免除[25]。在制定計畫之前，要先全盤了解個人的債務狀況。

**減少生活開支：**我們希望你能負擔得起任何你想要的東西，但對許多人來說這是不可能的，因此，不妨想想省錢的辦法。由於抵押貸款金額過高，許多剛踏入職場的社會新鮮人買不起房子，合理的替代方案是獨自租房或與室友合租，或是與家人住在一起節省生活開銷[26]。因此，許多人選擇與家人或室友同住。對於一些人來說，搬到生活成本較低的城市可能是個選擇，但不是所有人都能這麼做，我們也知道，受到財務限制而被迫改變生活，這並不公平。多利用大眾運輸工具，以節省汽車和其他交通成本。向主管請求加薪，例如：「因為生活成本不斷升高，看在我對公司努力付出的分上，我們可以找個時間討論我的加薪選擇嗎？」查看員工福利，看看有沒有什麼優惠折扣或補貼方案。如果你需要借錢，請與值得信賴的親朋好友談談。

**尋求理財建議：**閱讀相關書籍、觀看影片、向你社交圈中的財務專業人士請教、加入線上個人理財討論社群。例如，社交媒體上有專門關注「FIRE」（Financial Independence, Retire Early，即財務獨立、提前退休）的理財群組，透過策略性儲蓄和支出計畫來實現財務自由和提早退休[27]。隨時都要提高警覺，防範錯誤資訊。在網路世界中，先理解內容，再看後續的評論，這些評論通常會討論該資訊的準確性。在與財務顧問合作之前，查明對方是否為信託財務顧問，這代表他們有法律責任維護你的最大利益。注意財務顧問可能出現的警示信號，例如高額費用、對支出的急迫感，以及對高收益的過度保證[28]。

**簡化匯款流程：**建立自動轉帳是最好的方式，即使是少量金額，直接將款項轉入銀行帳戶。優先將錢轉到償還高利率貸款上，例如信用卡債務或個人貸款。下載銀行的手機應用程式，以電子方式提交支票，避免親自到銀行辦理存款。將定期帳單設定為自動轉帳支付，例如每月的手機費和網路費。查看你的信用卡對帳單，想辦法每月全額付清。

**儲備應急基金：**緊急狀況可能代價高昂，而且難以預測。你無法預料健康突發狀況、家人生病，或其他需要額外花費的情況。從小額儲蓄開始，先存下足夠支付一個月的開銷，然後再持續增加，直到存下相當於三到六個月開銷的儲蓄金。

**與福利專員討論：**公司和組織，尤其是大型企業，都有為員工提供財務支援的專員。你可能是某個協會的成員（如工會或同業公會），也會提供類似的員工財務支援。研究一下你的福利待遇，包括殘疾和其他保險、退休金，以及明確的休假日期，如病假或家庭假。尋找節省成本的福利，例如稅前工資扣除月度交通費、甚至是停車費或博物館門票的折扣。

**退休帳戶儲蓄：**越早開始越好，儲蓄的金額越高也越好。最簡單的第一步是查看你的工作單位提供了哪種類型的退休帳戶：401K、403b、Roth 個人退休金帳戶、年金制度等等。如果公司在你的退休金當中額外貢獻一定比例

**人壽保險**
在你過世後保障你的家屬

**健康保險**
保障你的身體健康

**傷殘保險**
以防工作能力發生變化

**財產保險**
保護你的所有物和住宅

**傘護式責任險**
以防某人受傷（例如，在你的房產不慎滑倒）

**汽車保險**
以防交通事故

**至少有六種主要類型的保險：**人壽保險、健康保險、傷殘保險、財產保險、傘護式責任險和汽車保險。

的金額，即所謂的配比方案（matching），務必把握這個優惠，這幾乎就像是不勞而獲的額外財富。公司通常會與一家退休投資組合公司（例如 Fidelity、Vanguard、TIAA、Prudential）合作，並根據你的年齡和風險承受能力建議可供選擇的註冊方案。

**了解並購買保險：**至少有六種主要類型的保險：健康、傷殘、人壽、傘護式責任險、財產和汽車保險。如果你沒有汽車，就不需要汽車保險。如果你與父母同住而且他們已經投保，你可能就不需要自己的財產保險。如果有人提到終生保險，請務必小心，這是備受爭議的，普遍被認為是一種詐騙[29]。每年通常只有很短的時間段可以報名參加這些福利計畫，或是必須有所謂的符合資格事件（例如：孩子出生或結婚），因此，你在接受聘用時，務必先問問你的主管或入職登記管理人員。

## ⑥ 把自己打理得乾淨清爽

### 具體的技巧是什麼？

維持個人的清潔和健康。

瑞莎

我記得有幾次在急診室和一位醫學生一起輪班，她穿著整齊，似乎有刻意打扮，然而，她有很強烈的體味。在她離開病房後，由於氣味縈繞不散，病人發出抱怨。在第三次輪班結束後，護理師把我拉到一旁，告訴我必須跟她談談。對於引導這種敏感又尷尬的對話，我完全沒經驗，就先向有處理敏感事務經驗的同事請教，他們建議我要用溫和的語氣，首先關心對方的健康狀況。該名學生對談話持開放態度，我們談過了，她的心理健康狀態良好，我們聊了她的居家環境，以及家中是否有肥皂、熱水和洗衣設施。她對於自己的體味沒有自覺，在我提醒她之後，她告訴我她知道該怎麼做了。她解決了問題，氣味消失了，從此再也不曾聽到其他抱怨。

### 我們為何需要掌握這項技巧？

個人衛生、整潔和注重外表並不是虛榮的表現，而是反映出你如何看待自己、自我尊重和自我照顧的態度。我們希望你在工作中感到身心健康愉快，我們並不是時尚專家，請根據你感覺職場合宜的方式來打理自己的服裝造型。我們也沒有要求任何人遵循主流的外貌標準，只是想建議基本的自我照顧行為。雖然我們並不認同這種現實存在，但我們希望你明白，傳統的美感可能會影響受歡迎的程度或升遷機會[30]。事實上，一項調查顯示，有八六%的員工和八〇%的經理都認為一個人的穿著打扮與升遷機會有關。我們尊重你個人的美感偏好，而身為作家、顧問和導師，我們的職責是告訴你這個事實：人的外表（不論是否反映真實自我）在職場上確實很重要[31]。

## 這項技巧為何難以達成？

- 你將爭取睡眠時間或早晨的職責（如照顧寵物或孩子）置於個人打扮之前。
- 花時間照顧自己的外表和健康可能會讓你覺得不自在或自我放縱。
- 你的生活或經濟狀況並不穩定，使得保持衛生很困難。
- 你受到身體限制或心理健康問題的困擾，很難好好照顧自己。
- 你沒有保險：工作單位沒有提供心理健康、牙科或眼科的福利計畫。

## 培養這項原子技巧的關鍵行動是什麼？

**簡化日常例行事務：**將挑選衣服、洗頭和洗衣等任務移到週末或晚上，以減少出門工作之前要花費的心力。如果你不喜歡打理衣服，不妨避免購買需要小心保養的衣物。考慮在睡前準備好午餐（通常比當天叫外賣或外帶划算）。新鮮的蔬菜、水果、堅果、鷹嘴豆泥都是容易準備的簡便餐點，雖然我們知道這些食材比較貴[32]。我們希望大家明白，這些建議都是自我照顧的基本行為，都是為了保持健康而必要的步驟，對你的生活和職業生涯都會產生重大影響。

**建立健康照護團隊：**門診醫生對「新病患」和「舊病患」有不同的看診方式。新病患的就診時間較長，往往更難預約，對於牙醫、婦產科醫生等也是如此。因此，當你因嚴重頭痛或背痛而打電話預約新醫生時，等待時間可能會長達三、四、甚至六個月。但如果你現在指定一位家庭醫師，以後碰上急性病症時，通常可以更快到診所去進行簡單的診療。

**保持口腔衛生：**美國牙醫協會建議保持牙齒和牙齦的健康，以預防蛀牙[33]。每天刷牙兩次、使用牙線一次，使用含氟牙膏和漱口水，並定期去看牙醫，這些習慣也有助於預防口臭。避免煙草，因為會損害牙齒和舌頭，引起牙齦疾病，並導致口臭[34]。我們知道糖果和汽水等含糖食物可能很好吃；然而，這些食物也容易導致蛀牙。

**保持身體、頭髮和衣物清潔：**洗澡有助於去除老化角質、細菌和油脂，注意清潔較容易出汗或有強烈氣味的部位，如腹股溝和腋下。在工作中要勤洗手。洗頭也是衛生習慣的一部分，然而，每個人的頭髮狀況都有所不同，我們沒有要求你改變對自身髮質有益的健康保養方式。視情況清洗和熨燙衣服。對古龍水、香水和精油要適度使用，查看你的工作單位是否有「無香味」政策。我們希望你取得平衡：不要讓你的外表成為別人討論你時唯一關注的事。

## ⑦ 省去無聊或毫無意義的日常事務

### 具體的技巧是什麼？

策略性地減少會耗費你時間和精力的任務。

艾黛拉

身為一位母親和妻子，我第一次聘請居家清潔人員時，感覺自己很失敗，我原以為我能夠親自應付臨床輪班、孩子、婚姻和其他的家庭責任，然而，我的房子到處都是亂七八糟的東西，我的壓力也越來越大。我是那種喜歡房子保持乾淨的人，骯髒或雜亂的房子會讓我很不舒服。因此，我聘請了專業清潔人員。第一次讓她進入我家時，我感到非常尷尬，玩具、衣服和麥片散落一地。然而，在當天晚上回家看到成果時，我開玩笑地發了簡訊給她，「嗯，妳想搬來住嗎？」她對我的生活產生巨大影響，花的每一分錢都是值得的。沒錯，我並非總是能負擔得起清潔費用，但是當我有收入時，這為我節省了很多時間，大大地減輕了我的壓力。我不敢相信我忍受了這麼久的痛苦。

## 我們為何需要掌握這項技巧？

許多人相信自己能夠應付一切，做得很出色，甚至比其他人更優秀。但現實是：這是不可能的。如果抱持這種生活態度，你的健康會受到影響。長時間工作已經被證明會增加中風和心臟病的風險[35]。分配任務不只是減輕負擔的做法，也是一種正念運動，思考如何更有效地利用時間來關注個人健康，透過卸下讓你精疲力竭的工作，你就能減輕壓力，感受到更多的快樂，這種轉變還會為你的專業發展留下更多成長空間。

## 這項技巧為何難以達成？

- 將工作轉交給別人會讓你感到內疚。
- 承認自己不堪負荷需要有展現脆弱的勇氣，可能會感到很尷尬。
- 你有財務負擔（如學生貸款、育兒費用或租金），不容許有額外的開銷。
- 你不知道如何將手邊的工作分擔出去。

## 培養這項原子技巧的關鍵行動是什麼？

**以不同角度思考：**考慮你要減輕工作量的原因，不要只是理性地認為這

**自動化**
預先處理主要工作內容，以便下次更容易完成
（例如：自動支付帳單）

**委派**
找出團隊中能執行這項工作的人
（例如：請孩子做家事）

**外包**
請外部人員來完成這項工作
（例如：聘請園丁）

**簡化流程**
去除不必要的工作
（例如：取消訂閱以減少收件匣的郵件）

想一想讓你討厭且毫無意義的雜事，專注於卸下這些任務。

些任務很無聊，沒有任何益處，不妨再加上這句話：我沒有盡量多花時間在自己／家人／朋友／運動／愛好上，趁早開始這樣做通常有助於你了解為什麼需要騰出時間。

**表現脆弱情感是正常的：**沒有人可以做到完美無缺，就算是你可能羨慕或尊敬的名人、政治家、高層主管、同事，看似「完美」或「掌控全局」，其實也不全然如此，至少不是單憑一己之力。不妨告訴自己，我一個人無法完成一切，而且要自信地說出來，因為大多數人都能理解這種感受，不是只有你，我們敢向你保證。

**重新分配資源：**列出那些造成你經濟負擔的開支，如果是可有可無的，而且在某種程度上消耗你的資源，那麼該是時候減輕負擔了。一個好的經驗法則是：取消所有那些對銀行帳戶造成負擔又沒有在使用的選擇性開支，例如，你從來沒在看的雜誌和電影頻道訂閱，這些錢可以用來支付房屋清潔費用或送餐服務。不妨重新分配或存下這筆錢以供日後使用。

**找出需要卸下的工作負擔：**如果不確定該如何著手，不妨從他人身上汲取靈感，請教那些做事看起來有條不紊、能完成所有任務的人：你通常會將哪些事情分配給他人、委派，或是請人代勞呢？想一想讓你討厭且毫無意義的雜事，專注於卸下這些任務，從小處著手。有四種方式可以卸下工作負擔：自動化、委派、外包和簡化流程。

**與主管討論：**在家庭或工作中，你可能會需要將一些任務或計畫交給他人處理。如果你認為工作中的某些任務貢獻不大，不妨以尊重的態度和主管討論，說明你的時間分配方式和有限的工作成果，提出具體的細節以加強你的論點。值得注意的是，雖然你沒有義務提出解決方案，然而，在試圖推動改變時，事先有一些想法通常會有所幫助。

| 陳述工作問題 | 提供具體的替代方案 |
|---|---|
| 「我們可以討論一下我每週發送的會議記錄嗎？我向團隊進行了調查，似乎沒有人在看。做這件事需要花不少時間，我可以用來處理其他工作。」 | 「有一個解決方案是每個人都輪流負責會議記錄。另一個選擇是我只要寄一份重點摘要，專注於行動計畫，這樣可以節省不少時間。或是我們可以錄下會議內容，如果有人缺席，就可以隨後聽錄音檔。」 |

## ⑧用行事曆做好計畫

### 具體的技巧是什麼？

把所有事情都記錄在行事曆上，不要只依賴記憶。

艾黛拉

身為三個小孩的母親、忙碌的職業婦女，以及從事科技業丈夫的妻子，我的行事曆排滿了各種活動、會議、派對、研討會和假期。如果不每天查看行事曆，我根本無法有效地運作。然而，對我家人來說，星期天是最重要的一天。孩子們上床睡覺後，我們夫妻倆會一起仔細瀏覽下週的行程，逐日安排所有事項，包括接送孩子、我的班次、要參加哪些生日派對（以及必須缺席的），和所有練習課程（小提琴、芭蕾舞、馬術等等）。如果我試著依靠自己的記憶力，我的大腦就會一團混亂。在我的職業生涯早期，因為工作量比較少，總體上也沒有那麼多責任，所以我從未用過行事曆。然而，隨著責任增加，我開始變得有組織，我強烈建議任何生活繁忙的人也這樣做，將所有資訊都記錄在行事曆上，可以減輕心理負擔，也能使自我照顧成為首要任務。

## 我們為何需要掌握這項技巧？

減少心智負荷和保護自己的時間對於自我照顧非常重要。你是否曾經因忘了查看所有的行事曆而錯過了會議，或在同一時間安排了兩個活動？我們也有類似經驗。神經科學家已經證明我們一次只能記住四件事[36]。如果經過仔細且刻意安排，行事曆可以是管理承諾事項和休閒時間的絕佳方式，不僅僅適用於工作：記住某人的生日也很簡單，只要知道日期，放入行事曆中並選擇「每年重複」即可。

## 這項技巧為何難以達成？

- 這項技能需要有組織能力和計畫目標。
- 你質疑這麼做是否能達到預期的成效。
- 你有多個分散的行事曆，全部整合可能會花很多時間，讓你感到不知所措。
- 軟體功能可能令人感到困惑。

## 培養這項原子技巧的關鍵行動是什麼？

**整合行事曆：**如果你使用多個行事曆，不妨試著全部合併成一個，只使用一個行事曆。大多數行事曆應用程式都有自動轉發和同步功能，便於管理。

**便於查看行事曆：**如果你需要經常查看行事曆，不妨考慮設定為隨時可用，與手機、筆記型電腦和雲端同步。但請注意：行事曆的隨時可用可能會干擾到你的自主休息。基於這個原因，艾黛拉沒有在她手機上安裝任何行事曆應用程式。

**建立容易瀏覽的行事曆：**不要讓行事曆過度填滿，以至於什麼也找不到。在日曆上填滿每小時的活動，例如「去健身房」或「買菜」，可能會使當天的日程安排變得混亂。顏色標籤非常實用，可以讓不同的、經常性的會議和任務在視覺上有所區別。

**在行事曆活動中添加詳細資訊：**清楚命名每個行事曆項目，使事件內容一目了然，而不必回顧郵件。在會議描述中加入詳細資訊：相關網站、連結、先前的會議記錄等。如果需要審閱文件，請添加附件。

**共享行事曆：**考慮使用家庭或團隊的行事曆來協助管理多人的日程安排。若你有行政助理，請確保他們能夠查看你的日曆以便安排會議。定期與行政助理核對，檢視你的行事曆偏好。明確說明你個人的偏好，例如：請將Zoom 會議設定為三十分鐘，並在會議之間保留十五分鐘的時間。此外，如果你和別人（如團隊成員、行政人員、伴侶、孩子）共享行事曆，請審查對方所能看到的資訊內容（如預約醫生、理髮，和律師的會議等）。

**設定暫時離開訊息：**在管理行事曆時，刻意安排暫時離開或不在辦公室的時間是很重要的。度假時，要保留時間進行寫作，不妨將這些時間都標示在行事曆上。

## ⑨ 限制會議時間



### 具體的技巧是什麼？

設立界限，闡明會議的必要性。

艾黛拉

長久以來，我對於行事曆上的會議數量束手無策，要開的會實在是太多了。雖然我很尊重同事，但有些會議確實是感覺毫無成效：沒有做出任何決議、也沒有議程、開會時間過長或時間不夠。老實說，我過去也曾主持過一些不太理想的會議，這種情況每個人都可能遇到。隨著經驗的累積，我學會了重視高效率的會議，開始對所有會議設定限制。如今，我會先問清楚會議的主題，並考慮是否可以透過電子郵件處理。我會針對特定類型的會議安排固定的時間：例如，星期五上午專門安排指導和輔導會議，而在星期五下午一點到五點，我幾乎不會安排任何會議，我會利用這段時間來處理本週未完成的任務，如果所有工作都已完成，那就是我的休息時間。

### 我們為何需要掌握這項技巧？

在職場上，會議似乎是默認的溝通方式，主宰著我們每日的行程和精力。毫無疑問，在遠距和混合工作環境中，會議有助於建立信任和心理安全感，以及團隊的凝聚力。會議或許是達成共識和做出決策的必要手段，但在我們看來，會議往往受到過度重視和肯定。太多沒有效率的會議阻礙了深度工作，也會消耗精力。一項研究發現，會議次數減少四〇％可以使生產效率提高七一％[37]。

## 這項技巧為何難以達成？

- 對會議進行限制可能會讓人感覺不合群、失禮，或對工作和團隊造成干擾。
- 你必須具備組織能力和在會議之外溝通的技巧。
- 你的團隊對於其他溝通方式不感興趣。

## 培養這項原子技巧的關鍵行動是什麼？

**對於應參加的會議和工作活動設定高標準：**減少或取消那些會消耗精力、並不需要你出席，或是會干擾你進行深度工作的會議。減少參加與工作相關但並不重要的活動，例如工作坊、社交聯誼聚會，甚至是輔導會議，這些活動雖然能促進與團隊的聯繫，卻可能消耗你寶貴的空閒時間。

**設定固定的會議時段：**每週選擇一些固定時段來安排會議，一旦這些時間被填滿了，就不再接受其他安排。例如，艾黛拉每個月都會舉行兩次大學導師會議，她收到會議請求時，只會查看該時段，如果已滿，就提供下一個空檔時段。如果確實緊急的話，調整行事曆也不是問題，然而，許多事情其實並不急，也不需要立刻開會處理。

**縮短會議時間：**大多數的會議並不需要像安排的時間那麼長，可以禮貌地提出對時間分配的疑慮，試著縮短會議，給自己多省一些時間。六十分鐘的會議通常可以縮減為三十分鐘；三十分鐘的會議縮減為二十分鐘，依此類推。詢問一下，「你覺得我們可以在二十分鐘內完成這個議程嗎？」

**簡化日程安排：**如果有足夠的資源，你可以利用行程管理軟體（如Calendly），或請一位行政助理。這件事並沒有標準模式可循，只需選擇一種最適合自己的工作流程，又能減輕會議排程困擾的策略，並將此做法養成習慣。

**非同步會議：**許多工作可以不用開會就能完成，考慮使用電子郵件、建立社群的交流平台、虛擬文件、語音簡訊等方式。我們在撰寫文章和這本書時，幾乎很少開會，而是利用共享雲端文件、簡訊，和非同步語音訊息。

**利用虛擬通訊平台：**像 Slack 和 Microsoft Teams 這些平台各有利弊，有助於進行高效連續的對話，但也可能造成分心。然而，利用這些平台可以避免參加需要長時間專注的會議，讓你能夠同時處理多項任務。

## 好好照顧自己的原子技巧總結

- 你是保護和捍衛自己最好的人選。
- 當你感到有壓力時，請考慮放棄某項任務，尋找替代方案，以照顧自己的身心健康。
- 重視自己寶貴的時間，並加以守護。

## 第2章

# 管理任務清單的原子技巧

艾黛拉

大學時我在加州大學柏克萊分校的食品服務辦公室工作，主要負責遞送學生家長為孩子訂購的生日蛋糕去學校。一開始，我沒有任何彙整採購訂單的系統，我會收到蛋糕訂單的電子郵件，有些則是寄到我主管的郵箱，還有一些是透過電話訂購的。我的處理方式有些凌亂，可能會漏掉一些訂單。起初，我試著在心裡記下所有訂單，到處用一些便利貼，到最後，我搞得一團亂，忽略了一些訂單，或許還不止一些……我覺得很不好意思，我的主管金．拉皮恩（Kim LaPean）點出問題說：「這些訂單非常重要，我們得想出一個辦法來避免錯誤」。更棒的是，她幫助我建立了一套任務追蹤系統，「妳可以每天早上過來拿所有的新訂單，然後全部放入試算表中以便追蹤」。我以前從未這樣做過，這次的經歷幫助我開始有意識地組織工作任務，從此以後，我都會一直思考有哪些任務以及執行的先後順序。

在面對待辦事項清單時，如果不知道該從何著手，可能會令人心生畏懼，這種壓力或挫敗感會使人停滯不前，或是在沒有計畫的情況下盲目行事。我們建議你在處理任何任務清單時，都要考慮三個概念：工作順序、有效利用時間和投資報酬率。

在急診室，我們會根據病人病情的嚴重程度安排優先照護順序。相對於打網球過度造成手腕疼痛了兩週的病人，一位突然出現腹痛和嘔吐的病人病情較為嚴重、狀況也比較不穩定。有些與病人相關的任務應該優先處理，其他事項可以暫時擱置。雖然你的工作待辦事項可能不像照顧病人那麼有壓力，但你還是需要了解並制定工作流程。在安排工作清單時需要考慮許多變數，包括主管的優先事項、個人的優先事項、專業熱情、任務的複雜程度、時間表、團隊動態等等。有時候，我們會一直忙於工作，卻忘了停下來思考一下：這樣的工作順序安排合理嗎？

當然，工作順序不是唯一的重點，你還需要能夠有效地利用時間。我們對於任何特定任務的時間分配直接影響了一天的工作成果，而這個規則可以擴展至更高的層面，我們度過一天、一週和一年的方式，都會影響到我們整體的成就。這當中有個關鍵的遊戲規則：你不能對每一項任務都花相同的時間，而是需要策略性地安排你的日程。這需要對完成任務所需的預期時間和行事曆上可支配的時間有充分的了解。

我們常常在談論到效率和生產力時聽到「時間就是金錢」的說法，但是要注意，我們不希望你只從錢的角度來思考時間。時間管理專家指出，當人們真的認為時間就是金錢時，「他們會變得更焦慮不安、不那麼快樂、總是很匆忙，更重要的是，他們會變得很貪婪，不太願意幫助別人」[1]。沒錯，有錢可以讓生活變得更輕鬆、更享受；但是錢並不能解決所有問題，例如人際關係、健康、缺乏安全感和溝通不良等問題，以及當個好人的簡單期許。不妨讓自己的工作生活變成充滿熱情，專注於為世界帶來美好，同時體認到生活中金錢至上可能帶來的危害。

最後一個概念：對於任何任務，我們要考慮的一個重要概念是投資報酬率（ROI），意指你為某項任務付出努力所得到的回報、結果、產品、成果。投資報酬率有很多種，可能是成就感、升遷、技能發展、人脈拓展、幫助他人的滿足感、留下深遠的影響，或建立更高效的團隊，也可能是個人的健康、睡眠，或是與親人相處的時間。在許多情況下，投資報酬率越大，得到的經驗就越充實滿足[2]。而即使是像為主管發送電子郵件，或為團隊安排會議這樣的任務，也有可衡量的投資報酬率，你會因此贏得善於溝通、有組織，和可靠同事的美名。如果一個任務缺乏可衡量的投資報酬率，也就是沒有顯著的影響，工作是多餘的、且不受人重視，也許你就可以不必費心追求完美，只需完成即可，或是乾脆不做。

你會注意到，我們並不是主張用什麼新的軟體應用程式來神奇地幫助你管理任務，而是建議專注於思考如何安排工作的優先次序。這是你自己該做的事，而不是靠技術，因為機器學習無法取代人去思考工作順序、有效利用時間和投資報酬率。

我們在本章分享七個原子技巧，將幫助你了解審慎思考任務清單的重要性。

## 管理任務清單的 7 種原子技巧

① 了解主管想要你做什麼、不做什麼
② 確定任務的優先順序
③ 評估完成任務需要哪些資源
④ 為各項任務設定合理的時間表
⑤ 視情況調整截止日期並盡早通知夥伴
⑥ 移除待辦事項中的任務
⑦ 為會議設定明確議程

# ① 了解主管想要你做什麼、不做什麼

## 具體的技巧是什麼？

了解你的主管希望你專注於哪些任務。

艾黛拉

我永遠不會忘記我參加的一場職場導航研討會，演講者分享的一個小故事給我上了寶貴的一課。他和一位同事是負責組織每週工作坊的研究生，兩人每週輪流負責。他的同事總是盡心盡力處理任務，比如製作設計精美的邀請函、撰寫詳細的議程、訂購精緻的食物，並用心發送個人邀請函。演講者則沒有花太多時間在這些任務上，只是寄出一封基本的群組郵件，郵件內容也沒有特殊的格式或字型，訂購的食物也很普通，只是披薩、汽水和瓶裝水。然而，他把時間都花在他知道對指導老師很重要且有價值的任務上，包括進行研究、講課，並積極拓展自己和部門的人脈關係。最終，獲聘為教職員的是他，而不是他的同事。他在結束故事時強調，他同事非常有能力，但是她沒有把心力集中在指導老師最重視的工作上。我從那次講座中領悟到，我在乎某項任務，並不代表我的主管也會同樣在乎。

## 我們為何需要掌握這項技巧？

主管視為重要的任務就是他們對你的期待，只要了解領導階層對你的要求和期望，你就能在工作中發揮最大的作用。我們並不希望扼殺你對創造力和探索的渴望，當然，如果時間允許，你可以超越期望，做一些滿足個人成就感的工作。然而，公司聘請你是有原因的，希望你從事特定的工作，最起碼你需要履行這個職責。此外，你應該清楚知道哪些事情不值得浪費時間。

我們在急診室輪班時，主管會希望我們為患者提供最好的護理，並優先處理最危急的病人，在照顧病人的期間，不會希望我們進行講座或召開會議。



## 這項技巧為何難以達成？

- 沒有明確的職務說明書，很難知道別人對你的期望是什麼。
- 你認為你本來就應該知道別人對你有什麼期望，而不需要特意詢問。
- 你擔心要求澄清可能會受到負面看待。
- 你缺乏人脈或管道可以提供你內部情報。

## 培養這項原子技巧的關鍵行動是什麼？

**查詢公司的官網：**瀏覽公司的官方網站，了解其使命宣言、願景或價值觀，這會幫助你明白公司組織及其領導階層的首要任務。

**取得職務說明書：**檢視你被聘用的職務責任，如果你沒有收到職務說明書，不妨要求提供。如果沒有的話，詢問是否可以起草一份，與你的主管共同制定。如果你很茫然，不知道該做什麼，這麼做是有必要的。

**定期更新近況：**問問自己、主管和團隊：「我的工作進展如何？」如果工作碰到困難或感到困惑，勉強完成只會帶來更大的風險，而非回報。有一次，艾黛拉正在準備一場關於人眼解剖學的十分鐘講座。她不確定該從何處著手，因此閱讀了大量的教科書，深入研究比較動物解剖學。她在向教授請益之後，得到了所需的指引並重新調整方向：只要在白板上畫兩個眼球，然後告訴聽眾兩、三件關於每個眼球肌肉的作用就行了。結論：澄清期望使艾黛拉的準備工作更容易掌控，並且順利進行。

**尋求特定的回饋意見：**學會向信任的人請教，你會得到更好的回饋意見，提出具體的問題，並做好心理準備，你會聽到關於自身優勢和需要改進的地方。

| 不夠明確 | 比較明確 |
| --- | --- |
| 這份問卷調查看起來怎麼樣？ | 問卷的問題夠不夠清楚？<br>有沒有花很多時間才填完問卷？ |
| 我這次會議主持得怎麼樣？ | 這次的會議有沒有安排妥當？<br>行動方針和任務分配夠不夠清楚？ |

在他們可能僅表示「這份問卷調查看起來還不錯」之前。→（第一列左側）

←「夠清楚，這項調查將為我們提供有價值的資訊。花了一點時間才填完。建議刪掉五個問題」。（第一列右側）

在他們可能僅表示「做得不錯」之前。→（第二列左側）

←「我事先沒有收到議程；那會有幫助。我知道我被分派的任務，待辦事項很明確」。（第二列右側）

學會向信任的人請教，你會得到更好的回饋意見，提出具體的問題，並做好心理準備，你會聽到關於自身優勢和需要改進的地方。

## ② 確定任務的優先順序

### 具體的技巧是什麼？

評估某一項任務是現在就要做、稍後再做、還是永遠不需要做的事。

瑞莎

在急診室，需要安排完成各項任務的優先順序，首要目標是確保病人盡快獲得必要的治療，沒有延誤。我記得有一位年長的病人在家裡突然暈倒，被救護車送來，他的血壓很低，情況很不穩定，原來他已經胃痛一個星期了。醫療團隊想要立即將他送到急診室外的CT掃描室，但我知道這並不是正確的後續行動，他的血壓太低了，讓他離開急診室是很危險的。我在他的腹部擠了一些超音波凝膠，然後放上探頭，觀察超音波螢幕，我立刻發現了一個很嚴重的問題，他的主動脈（將血液從心臟輸送到內臟器官和腿部的大動脈）是正常尺寸的兩倍大。超音波探頭一碰到那裡，他會露出痛苦的表情。這是會造成生命危險的腹部主動脈瘤，正在出血，大到像他那個程度時，就會破裂，有這類問題的病人幾乎百分之百都會死亡。因此，我重新安排了護理順序：我首先告訴醫療團隊不必送病人去做 CT 掃描，然後打電話給外科醫生，描述了超音波結果和病人的危急情況，接下來再打電話給手術室的協調員和麻醉科醫生，安排動手術。外科醫生到達時，他要求我給他看看動脈瘤，他在螢幕上看到之後便說：「我們走吧」。病人直接被送往手術室，幾天之後就出院了。雖然不是每個病例都這麼極端，但急診醫學專業顯然讓我學會了時間管理，以及判定事情的輕重緩急和優先處理順序。

## 我們為何需要掌握這項技巧？

你不能總是按照工作出現在桌上的順序來執行，對大多數人來說，這樣會導致工作積壓和錯過截止日期。為了掌握好各項任務，你必須確定其優先順序。安排工作的優先順序是一項技能，可以減少壓力和倦怠感。理論上，目標很簡單，就是確定哪些任務需要現在就做、稍後再做、還是永遠不需要做。優先事項會受到主管、時間表、顧客或客戶、任務所需時間、可支配時間等因素所影響，因此，實際上要做出決定可說是很複雜的，沒有任何圖表、金字塔，或二乘二矩陣模型能夠涵蓋決定任務優先順序所需的邏輯。這不是一個標準化的簡單過程，因此對你來說並不容易，你需要培養一種心態，要求自己審慎思考，並深入探索任務的輕重緩急。

## 這項技巧為何難以達成？

- 一大堆任務可能會令人感到不知所措，尤其是如果你有不同的團隊和主管都在爭相堅持自己的優先事項。

- 你不曾學過如何用邏輯思維處理手頭上的任務。
- 你並不認為自己需要策略。
- 分心和缺乏興趣使你偏離正軌。

## 培養這項原子技巧的關鍵行動是什麼？

**寫下任務清單：**不要只想靠自己的記憶力，這份清單可以是紙本或是數位清單。我們知道每個人寫清單的方式都有所不同，有些人只會列出任務概要（如「申請升遷」），有些人則會列出詳細的任務（如「更新簡歷、要求兩封推薦信、完成個人陳述、提交升遷申請文件」）。清單的長度和詳細程度應該根據完成任務所需的支援和指導程度而調整。

| 概要清單 | 詳細清單 |
| --- | --- |
| 三月十二日進行簡報 | 選擇簡報主題 |
| | 草擬大綱 |
| | 建立投影片架構 |
| | 向主管展示內容並進行修改 |
| | 完成投影片並加以修飾 |
| | 找同事和朋友練習簡報 |
| | 三月十二日進行簡報 |

以紙筆或是數位形式寫下任務清單，根據個人偏好調整詳細程度，列出的任務越詳細，就越容易掌握自己的進度。

**嘗試對清單進行排序：**在你寫下任務清單之後，再次檢查執行順序——哪些任務需要立刻就做、可稍後再做，或是可能永遠不必做。自我提問反思，以制定一份有策略性的清單。

| 決定先後順序的方法 | 需要考慮的問題 |
| --- | --- |
| 根據優先程度 | 這當中有什麼事顯然需要優先處理的？ |
| 根據截止日期 | 這些專案當中哪一個截止日期即將逼近？ |
| 根據熱情動力 | 你比較有動力完成哪些任務？ |
| 根據團隊成員 | 這個計畫的加快或延遲進行，會對誰造成影響？ |
| 根據影響力 | 哪些任務有助於建立我在專業領域的信譽、專業知識和人脈關係？ |
| 根據重要性 | 有哪些任務可以完全交由別人負責？ |
| 根據可支配時間 | 我的日程安排中何時會有空檔可以投入這項任務？ |

**隨時更新並重新安排工作順序：**在急診室，新的病人來來去去，情況不一。在任何的班次中，任務的優先順序會不斷地上下移動，你可以對任務清單進行分類和重新排序，尤其是當現有任務相關的新訊息出現時，那些不太重要的項目可以被剛出現在眼前的重大而緊急的任務所取代。

**尋求指引：**向團隊（例如主管）尋求意見，了解該如何決定任務的優先順序。當你得到建議時，不妨詢問原因：「您為什麼認為我現在應該專注於這項任務呢？」知道原因很重要，因為你需要理解決策背後的思維過程，而不僅僅是答案。

# ③評估完成任務需要哪些資源

## 具體的技巧是什麼？

決定完成一項任務所需的資源。

艾黛拉

多年前，我曾參與製作了一檔 podcast，然後將節目向 NPR（全國公共廣播電台）提案（沒錯，這就是我們當時的措辭）。雖然我們並沒有錄製 podcast 的經驗，但還是投入了許多努力，包括購買設備、邀請講者、觀看 YouTube 影片等。這些錄音節目邀請到許多急診醫師，坦率討論令人震撼而感人的議題，如槍枝暴力、族群和自殺等，這些對話本身是良善而真誠的。我被指派負責編輯錄音檔，但我沒有及早意識到製作高品質音訊所需的步驟，我並不了解編輯廣播節目需要花多少時間，對於如何進行節目的推廣或銷售也一無所知。我沒有想到應該事先評估這項計畫是否可行。如果我們評估了必要的人力和資源，包括一位音訊專家，那麼計畫結果可能就會完全不同。不用說，NPR 從未回覆我們的電子郵件。

## 我們為何需要掌握這項技巧？

腦力激盪有助於探索問題或想法，激發創造力和創新[3]。是的，我們喜歡用彩色便利貼來探索和解決問題，但提出想法可能是比較容易的步驟，如果你沒有克服障礙，計畫通常會失敗，只有在事先預料到問題並迅速找出解決方案時，計畫才是可行的。我們希望你設定遠大的目標，但也希望你明白事先評估任務可行與否的重要性。

## 這項技巧為何難以達成？

- 停下來反思計畫的現實狀況需要時間，而看到阻礙時也可能會感到沮喪。
- 發現自己的弱點或不足之處會令人沮喪，並產生防禦心，可能會不想主動找出問題所在。
- 過度專注於追求成功可能會讓你忽視問題的存在。
- 你可能不清楚需要哪些資源和技能。



## 培養這項原子技巧的關鍵行動是什麼？

**調整計畫的規模：**在某個特定時刻，評估計畫的可行性是很重要的，而這通常取決於計畫的規模大小。如果你的資源有限，例如沒有足夠的技能、缺乏行政支援、時間有限、預算不足，最好縮小規模。如果你有足夠的資源和動力，便可以擴大規模。請記住，一個更龐大的計畫意味著壓力更大和時間投入更多。如有必要，請求更多資源。有時候，團隊規模太大會使任務變得過於繁重，不妨適時地縮小團隊，這樣有助於提高效率。

| 小規模計畫 | 大規模計畫 |
| --- | --- |
| 我打算發起一個募款活動，籌集五千美元，在下次的節日捐贈襪子和鞋子給當地的收容所。 | 我打算成立一個非營利組織，籌集五十萬美元，以便長期捐贈襪子和鞋子給當地的收容所。 |

**列出需求清單：**花時間思考計畫中可能出現的每一項需求，你會想要有個全面而準確的清單，將這份清單交給曾經從事類似工作的人，或是你正在開發的計畫或產品當中可能的受益者或使用者，問問是不是還有你沒發現的

缺失。

**評估實際需求和可用資源：**花點時間思考你實際上有多少時間可供支配，將之與你的需求清單進行比較。如果你預估完成任務總計需要十個小時，而你只有兩小時可用，這就是個問題。如果你的預算是一萬五千美元，而主管只能提供兩千美元，這也可能會是個重大障礙。我們無意打擊你的信心，只是希望你事先了解情況。

**勇於嘗試不怕失敗的心態：**有些點子在初步構想時確實很棒，但實施時卻效果不佳，這可能是多種原因造成的，例如缺乏資源、需求、興趣或技能，導致工作停滯不前。不要讓無效的計畫持續太久，與團隊交流，徵求他們的意見，並分享你的擔憂：「我擔心這個計畫的進展不如我們一開始所預期的那麼順利。」

## ④為各項任務設定合理的時間表

### 具體的技巧是什麼？

制定一系列有助於你完成各項任務的步驟。

艾黛拉

我在哈佛醫學院由朱莉．席爾佛博士（Dr. Julie Silver）主持的女性領導課程上，進行一場全國演講，講座主題是如何為大眾媒體撰寫專欄和觀點文章。她在大約一年前就邀請了我，籌畫工作安排得有條有理。我們在第一次會議時，討論了演講的整體概念，然後我寄了一份大綱給她，一起進行編輯，針對結構又反覆修改了好幾次。接著，我準備好投影片的基本架構並提交出去，經過審查之後，開始設計投影片，最後就是練習的時間。這個流程的時間表和步驟都經過明確的溝通，我事先了解一切，有充分的時間準備好每一步驟，這是我關於有效時間利用最成功的例子之一。



## 我們為何需要掌握這項技巧？

好吧，我們承認，我們喜歡有架構，或至少已經習慣有架構。要完成大學、醫學院、住院醫師培訓和進修，都需要遵守有架構的時間表。不管你是否察覺到，有個時程表（尤其是團隊工作）都可以讓每個人有組織，並了解期望。我們想要澄清一下這些字的意思：時程表是指一系列按時間順序排列的事件，有明確的開始和結束，應該可以幫助你和團隊更有效率地工作，使每個人都能專注於任務[4]。截止日期是指計畫或活動的結束日期和時間。

需要注意的是：有研究顯示，當我們有一項任務要完成時，會著重在有多少時間可用，而不是實際工作需要多少時間，這就是所謂的帕金森定律（Parkinson's Law）：工作會一直延伸，直到所有可用時間都被用完為止[5]。因此，當你有個簡單的任務要完成，比如在一小時內寄出一封電子郵件，你可能會花整個小時來草擬和編輯，之後才發送，然而，如果你只給自己十五分鐘的時間，根據帕金森定律，你會按照實際需要的時間將工作壓縮到更短的時間段完成。為什麼這很重要？因為人都很容易拖延、猶豫或耽擱，談到按照時間進度一事，你應該會發現自己常常耗費太多時間才完成任務。

有清楚的行動計畫和預計完成的時間表是很重要的，這樣可以確保計畫順利進行，每個人也都能追蹤進度。

## 這項技巧為何難以達成？

- 你需要估計完成一項任務所需的時間，以及需要採取哪些步驟。
- 清單和結構有時會讓人感覺受到限制。
- 比起沒有計畫盲目行事，組織規畫需要更多的預備工作和精力。

## 培養這項原子技巧的關鍵行動是什麼？

**設定全面截止日期：**這是整體工作的截止日期，而且應該要清楚明確，可能是由你或其他人設定。如果你並不知道，不妨詢問計畫的主管或決策者：這項工作什麼時候得完成？

**估計任務所需的時間：**第一次嘗試估計任務時間可能是最困難的，最好和有經驗的人一起討論。如果沒得選擇，就盡力而為。寫下任何能想到的事，如果你曾完成過類似的工作，不妨回顧一下以前的估計有多準確，依此進行調整，增加或減少時間，或保持原來的估計。

| 簡略的工作時間表 | 詳細的工作時間表 |
|---|---|
| 本週末之前將專案計畫預算的郵件寄出。 | **星期一：**列出項目清單以及成本預估，將草稿寄送給團隊成員，要求在星期三之前提供意見。<br>**星期二：**確認每項產品／服務的成本基準。<br>**星期三：**檢視並整合團隊成員的回饋意見。<br>**星期四：**寄出近乎完成的預算郵件。 |

← 把大目標分解成小型任務，每天分配特定的任務，以保持連續的進展和動力。

列出任務清單有助於確定問題點、潛在的阻礙和時間規畫。

**規畫時間表：**在日曆上為自己和團隊設定提醒，這樣大家都有可遵循的行動記錄，例如，在撰寫這本書時，我們將每週會議安排在日曆上，並在會議描述中列出了目標，這種「下一步做什麼？」的聲明幫助我們滿足更大的要求，最終完成了這本書。如果沒有這樣的引導方向，我們就會毫無章法，達不到目標。

**與團隊定期更新近況：**如果你是團隊的領導者，要定期發送群組提醒和檢視個人近況。不要公開羞辱未能達成目標的人，而是私下探討進度延誤的原因，並協助解決問題。讓這個過程簡單一些，利用標準範本，這樣就不必每次都重新撰寫郵件。即使你不是團隊的領導者，也可以考慮詢問其他人的工作進展情況。

| | |
|---|---|
| 寄件人： | |
| 收件人： | |
| 副本抄送： | |
| 密件副本： | |
| 主旨： | |
| 內文： | 大家好，<br>這是關於○○○○○的進度查詢。根據上次的會議決議（日期），你們的下一個關鍵進展是要完成○○○○。能否在今天下班之前告知你們的工作進度？<br>謝謝，<br>艾黛拉 |

發郵件詢問旨在評估其他人的工作進展狀況，而不是要令人感到尷尬或懲罰別人。進度落後是很常見的事，因此你會希望能及早發現問題所在。

即使你不是團隊的領導者，也是可以發郵件向其他成員報告你最新的工作進度。

| 寄件人： | |
|---|---|
| 收件人： | |
| 副本抄送： | |
| 密件副本： | |
| 主旨： | |
| 內文： | 大家好，<br>我已完成被分派的任務，所有的演講者都確認參與，也已經將他們的利益衝突表簽署好，寄回給辦公室行政人員了。<br>謝謝，<br>瑞莎 |

以客觀方式向團隊發送近況報告，切勿吹噓工作完成的速度。

## ⑤視情況調整截止日期並盡早通知夥伴

### 具體的技巧是什麼？

要誠實面對自己究竟有多少時間可以處理額外的任務。

瑞莎

我自認是個遵守規則的人，總是盡力準時完成任務。在醫師培訓過程中，我們有許多截止日期需要達成，例如考試和填寫申請表格，全都有明確的截止期限，這些日期都是絕對的，基本上不得變更。然而，也有一些是可以彈性調整的，可以請求更改日期或是延期，工作錄取通知書的回覆期限就是其中之一。根據我申請工作的經驗，錄取通知書或郵件總是有一個「回覆期限」。通常，聘書會列明職位和聘用條件，以及該職位的福利，最後都會註明「請於一週內」或其他指定的時間內回覆。這給我帶來了很大的壓力，因為我通常需要處理幾個面試，甚至幾個錄用機會。與經驗豐富的專業人士交談後，我了解到可以請求延長時間。我第一次提出這個要求時，覺得忐忑不安：「我無法在要求的時間內做出決定，我能在三週內完成所有的面試後再回覆嗎？」我擔心他們會取消聘用，後來我才領悟到，如果我要求更多時間而被拒絕了，至少我不會後悔沒有提出要求。總之：我知道我需要更多時間，因此也提出了要求。



## 我們為何需要掌握這項技巧？

我們在安排每日行程時，總是會有雄心壯志，想把工作、會議都排得滿滿的。這麼做有什麼風險呢？生活總是會發生變化，我們都有可能進度落後，沒有人想要錯過截止日期，但這種情況卻經常發生。一項研究顯示，有七六％的創業者未能在截止期限內完成產品功能[6]。我們懷疑這不是因為每個人都一直在度假，更合理的假設是，最初設定的時程對於工作或團隊成員來說（特別是執行任務的人）並不切實際。即使在充滿支持和同情心的環境中，進度延遲也可能會給團隊、客戶和主管造成困擾和衝突。

## 這項技巧為何難以達成？

- 很難準確預測完成一項任務所需的時間。
- 隨時停下來審查日程安排是否有衝突，這需要有一定的紀律。
- 與團隊合作增加了達成截止期限的複雜性。

## 培養這項原子技巧的關鍵行動是什麼？

**反思個人的時間管理能力：**你經常錯過截止日期嗎？你是否擔心無法按時完成工作？你是否經常在最後一刻才完成工作？我們都曾經有過類似的經歷。以下是在時間管理方面遇到困難可能的四大因素：

| 錯過截止日期的原因 | 解決方案 |
|---|---|
| 任務過多 | 不要衝動地答應——給自己至少一到兩天的時間仔細考慮一個機會。<br>辨識出不必要的、可延後處理的或可委託他人負責的任務。 |
| 自己拖拖拉拉 | 與其經常熬夜通宵，倒不如分階段、逐步地進行一項計畫。只要你按部就班並提早行動，就能更快地發現問題所在。 |
| 承擔自己不擅長的任務 | 挑戰自己學習新技能。請記住，你在走出舒適區並學習新技能時，應該預留額外時間來完成任務。 |
| 不合理的截止日期 | 向他人明確表明你面臨的競爭需求，詢問是否能彈性調整時間。<br>將龐大的任務分解成一系列小任務，並詢問是否可以分階段交付。<br>詢問是否可以提供支持（如行政支援或資金）以幫助你讓截止日期更為切實可行。 |

**檢視個人行事曆：**在承諾截止日期之前先思考一下，仔細查看你的行事曆，逐小時或逐日評估你的空閒時段，避免重複預定多項活動。找出一段能讓你專心進行重要工作的時間空檔。

**事先溝通：**如果你的主管說：「我需要你在今天下班之前交出報告」，若你的日程已經排滿了，可能很難辦到，最好趁此機會提早告訴對方：「很抱歉，我的時間表已排滿了，時間可以有彈性嗎？」沒錯，所有的截止期限都應該重視，但很多工作時限並不是絕對的，而是可以調整的。

**保護個人健康：**大多數時候，你在非上班時間工作是不會有薪水的，利用自己的睡眠或用餐時間工作並不理想。我們也明白並不是所有的職場文化都遵循標準工時，有時候會遇到緊急情況，可能會有例外，但從長遠來看，應避免為了趕截止期限而損害自身健康。

**委派任務：**如果你無法在截止日期前完成工作，不妨將工作分成幾個部分並尋求協助。這麼做可能會令人感到不好意思，我們了解這種感覺，但展現脆弱也是一種優勢，而向他人尋求和接受幫助通常是明智之舉。



# ⑥ 移除待辦事項中的任務

## 具體的技巧是什麼？

要明白並非所有工作都值得你花費時間和精力。

瑞莎

以前對我來說，放棄是一件很困難的事，在我的職業生涯早期，我從未考慮過放棄任何事情。年長的醫學教授建議說：「一切照單全收」，於是我聽從了這個建議，手邊堆滿了寫作計畫、演講機會、急診室輪班、每週的各種會議，以及出國參加醫學教育研討會。我的關注範圍很廣，總覺得自己應該一直工作。等到我步入職業生涯中期時，有人建議：「除非是真正符合你的興趣，或有助於你實現目標的計畫和任務，否則一概拒絕」。起初這讓我感到很不自在，後來就慢慢習慣了，學會放棄一些事情，使我清單上的待辦事項減少一些，讓我有更多的時間好好休息、更加專注、更深入地發展專業知識，也帶來了更多的創造力和工作樂趣。由於這樣的改變，我開始了一個廣播節目，在一些非醫學類刊物上發表文章，也完成了這本書！

## 我們為何需要掌握這項技巧？

再次強調，這個原子技巧是在談論放棄計畫，無論規模大小、頭銜或職位，只要是你不想要也不需要的，統統放棄。你自願負責夜間社交活動，但現在做不到了？放棄吧。你的職位讓你感到厭煩？放棄吧。放棄不再渴望承擔的責任會讓你卸下很多負擔，有時間反思對你重要的事情，同時能夠好好照顧自己[7]，這樣也可以使你擺脫沒有支援、缺乏效率、興趣不合的團隊或工作，也能為其他人創造機會。

## 這項技巧為何難以達成？

- 有錯失恐懼症（FOMO），擔心不再有機會。
- 怕有挫敗感，令自己和他人失望。
- 擔心所放棄的任務可能會是自己的轉機。
- 基於財務或其他考量，因此無法放棄。
- 害怕失去工作或職場上的地位。

## 培養這項原子技巧的關鍵行動是什麼？

**權衡工作的風險／效益：**在放棄任何大大小小的計畫或責任之前，都要考慮這個決定會造成的影響。空出來的時間對你有什麼幫助？缺乏這方面的經驗對你會有什麼負面影響？少了這個頭銜或責任，你是否能有更快速的發展？你會不會被人認為不可靠或不盡責呢？試著保持客觀，以免損害自己或未來的職業發展。你需要慎重地考慮如何減輕工作負擔，你不太可能什麼都放棄還保住工作。

**與他人討論利弊得失：**向你的私人顧問團請益：「我正在思考我目前負責的一項工作，我不太確定應該繼續承擔這項責任，還是放棄，我能聽聽你的意見嗎？」

**認清是否因為內疚感而讓你繼續留下：**我們不建議你因為內疚感（擔心離開可能會不利於團隊或工作進展）而長期留在某個工作或職位上。請記住我們之前所說的，你的行業、公司或工作永遠不會回報你的愛。別人可能很關心你，你也可能關心他們，但是如果你不快樂，這種「互相關心」並不足以成為你繼續留在某個職位的充分理由。

**減少錯失的恐懼：**FOMO（fear of missing out）意指「錯失恐懼症」，我們希望你注意 FOMO 可能會擾亂你的生活，要知道這種心態是來自於對缺乏的恐懼，而不是充足的信心。事實上，總會有更多的工作、計畫和機會，要相信自己，相信你決定減輕工作負擔的選擇。

**享受錯失的喜悅：**JOMO（joy of missing out）意指「錯失的喜悅」，讓自己因為沒有參與其中而感到高興，例如沒有被提名、減少收到電子郵件、沒有參與辯論和爭議，你會因此更加專注、更深思熟慮，也會更有目標。你在減輕自己的負擔時，要享受自己錯失的喜悅[8]。

**注意說辭：**在退出某件事時，要仔細考慮訊息傳達方式。找個適當的退出時機，感覺真誠又不會對他人不公平。不要讓負責人措手不及；私下讓他們知道你已經做出一個你想要討論的決定。必要時，先與關鍵利益相關者進行一對一的對話，然後再向群組發送郵件分享任何訊息。小心不要毀掉關係，行事要有策略和富同情心。清楚說明「原因」（例如，你想要從某個職位退下來，以便專注於……）。

# ⑦ 為會議設定明確議程

## 具體的技巧是什麼？

辨識會議是否有明確目標——試圖讓會議變得有意義，或適時取消。

瑞莎

我以前有一份工作，主管要求每月定期召開會議，為我提供專業發展方向和指導。會議總是毫無組織，沒有議程，結束後我也沒得到任何行動方針或問題解決方案，她花了很多時間閒聊八卦，時間一久，我幾乎沒看到任何變化，談話內容也是一再重複，這一小時的投入感覺像是得不償失。一開始，拒絕主管要求的會議似乎有點棘手，但久而久之，我完全不再安排這些會議。我試著從中學到東西，得到的三大教訓是：1. 我要安排定期會議時，都會確保每次有清楚的議程。2. 我盡力讓討論集中在目前的議題上，會後每人都有具體的行動方針，並確保會議時間與其目標和任務相符。3. 我會提醒自己職場的權力關係，避免涉及辦公室八卦。

## 我們為何需要掌握這項技巧？

無論你處於哪個職業階段，最終都會需要負責主持會議，我們希望你能有效地領導[9]。很多時候，學員和同事告訴我們，他們對計畫的進展一無所知，或是不確定自己應該做什麼。我們深入了解之後，發現核心問題是：團隊會議沒有太大幫助或是毫無成效。主持會議的目標很明確——經過令人安心又有成效的討論之後，與會者應該清楚知道會後應採取的行動方針。但如果會議組織不當且缺乏支持，就無法達成這個目標。

## 這項技巧為何難以達成？

- 沒有人教過你或向你示範如何主持有成效的會議。
- 你不知道設定議程和明確分配任務的好處。
- 你感覺沒有權力發言或控制與會者（例如：討論偏離主題、無法分派任務、無法掌控會場、會議缺乏重點）。
- 你不知道如何果斷地推動會議進展。



## 培養這項原子技巧的關鍵行動是什麼？

**設定明確議程：**議程不需要過於詳細，但列出要討論的主題可以使會議目的更明確。如果提前發給群組，也能讓人決定是否有必要參加，以及該準備什麼。最好的做法是提前發送議程，或是將議程附在日曆邀請中。

**指派會議記錄者：**如果不是一對一的會議，最好要有人負責做記錄。一般來說，會議主持人不該是記錄者。如果沒有專門負責做記錄的行政助理，就應該指定一位與會者承擔這項任務。這種文書工作不該過度由女性承擔；這可能特別容易發生在徵求志願者的情況下，有一項研究發現，四八％的女性更有可能自願承擔不會帶來升遷機會的任務[10]。此外，在進行線上會議時，請務必詢問是否可以對會議進行錄音，再利用商業軟體將錄音檔轉成文字。

**檢視後續行動計畫：**在會議結束之前應該要回顧並確認下一步行動計畫，包括任務的分配和時程表。我們希望你要弄清楚自己被分派的任務，「根據我的理解，您希望我做○○○○（插入預期的職責），完成時間是○月○日。」

**安排下次會議時間：**值得花點時間確認下次會議需要哪些人來參加，如果可能的話，先說讓我們花點時間安排下次的會議，事先規畫，這樣可以避免稍後才透過郵件進行安排。盡可能縮短與會人員名單，或是指派某人負責稍後再來安排會議。

**發送會議記錄：**寫一封簡短的電子郵件概述會議內容，或請務必閱讀你所收到的會議摘要記錄。這是為了明確溝通，向未能參加會議的人更新近況、記錄相關職責，也讓每個人都很清楚被分派的任務。

**鼓勵分享改善會議的方法：**如果你是會議的主持人，歡迎大家提出改進會議的建議，不妨自己率先提出建議來打破僵局，例如，「我有一些想法，可以讓團隊在會議中更積極參與」，或是「我認為把時間限制在四十五分鐘而不是六十分鐘，幫大家節省十五分鐘的時間，這些會議可能會更有效率和成果」。

## 管理任務清單的原子技巧總結

- 按優先順序處理並完成任務，隨時檢視狀況並重新調整。
- 在處理任務時，對自己和他人要有同理心。
- 遠離錯失恐懼（FOMO），享受錯失喜悅（JOMO）。
- 了解各項任務的投資回報。

## 第3章

# 好好溝通的原子技巧

艾黛拉

幾年前，我的一位同事崔西·桑森博士（Tracy Sanson）進行了一場我永生難忘的線上講座，討論在急診室中如何安全地照顧那些對自己或他人構成危險的情緒激動患者。講座一開始時，她的簡報就卡在開場的投影片上，我們還在處理技術問題時，桑森博士就開始發表演說，沒有讓凍結的投影片打斷講座。她流暢地講述故事，有效地運用肢體語言溝通、適時停頓、改變語調、用詞巧妙多變。觀眾全神貫注於她的內容，沒有人需要借助幻燈片理解她所傳達的訊息。聽完她的演講後，我心想，「哇，我現在終於明白所謂的『精湛的演講者可以完全不用投影片就發表演說』是什麼意思了」。

成為一位精湛的溝通者需要具備什麼特質？就是要能夠以吸引人又有效的方式傳達，使聽眾能夠理解關鍵訊息。有效的溝通應該是精心策畫且富同理心，體現了對用字遣詞、肢體語言、時間掌握、文化理解等方面的細心關注。有效的溝通不僅僅是風趣或幽默，也不僅僅是避免使用「嗯」、「就像」和「你知道的」等填補詞。精緻的對話能夠積極地影響工作文化，有助於減少衝突、改善團隊的士氣和關係[1]。

反之，拙劣的溝通則會造成更多工作負擔，可能需要澄清事情、檢討、道歉，或提醒以進行危機處理，這到最後會偏離大家合作共事的目標，也可能導致衝突和混亂。事實上，作為急診醫師，我們在值班時，每天都會看到這些，雖然不像電視節目《醫院狂想曲》（*Scrubs*）、《急診室的春天》（*ER*）和《實習醫生》（*Grey's Anatomy*）那麼戲劇化，但我們確實需要在高風險和壓力環境中應對許多不同性格和溝通風格的人，緊張的溝通使我們的工作更具挑戰性。

為什麼要努力成為優秀的溝通者呢？因為成功不僅僅是靠履行職務或承擔責任，絕大部分取決於理解語言的力量，例如說話的聲量、時機、語調和語境。最重要的是，溝通時我們需要專心傾聽和觀察別人的肢體動作和情緒反應，這攸關自我意識到肢體語言的力量。雖然存在爭議，但有專家表示，高達九〇%的溝通都是不靠語言的[2]。

透過文字
A：你好嗎？
B：我很好。

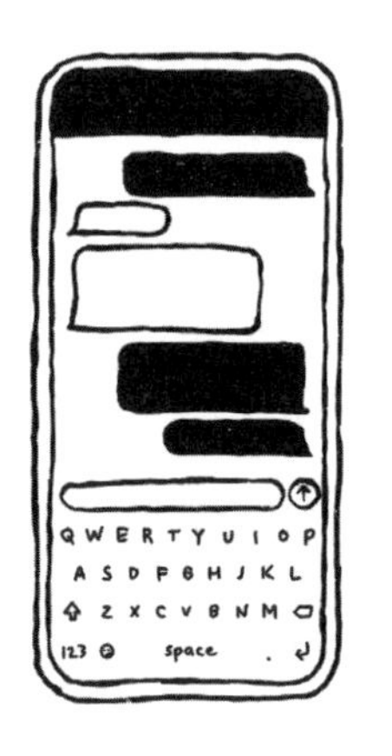


面對面
A：你好嗎？
B：我很好。

了解肢體語言很重要，如果我們光靠文字，可能會漏掉很多訊息。

雖然確切的百分比並不重要，但真的不要低估臉部表情、手勢、身體姿勢和其他肢體動作在溝通時所發揮的作用。

那麼，為什麼大多數人都不是優秀的溝通者呢？若不是有明顯的溝通錯誤，我們通常很少會收到刻意的回饋，也就是說，不會有人坐下來告訴我們如何能更有技巧地溝通。我們好像都被認為應該知道怎麼和人溝通，而最後都是從別人那裡得到許多提示，但如果那些人本身也不擅長溝通呢？

幸好，我們在這裡分享了十個原子技巧，可以幫助你提升溝通能力。

### 好好溝通的 10 種原子技巧

①掌握個人的肢體語言，並解讀他人的肢體訊息
②辨識語言隔閡和溝通障礙
③直接講重點，切忌拐彎抹角
④善用說故事的魔力
⑤少說、多聽、分享發言機會
⑥善用非同步傳訊方式
⑦寫出讓人想閱讀的電子郵件
⑧善用電子郵件功能：副本抄送、密件副本和全部回覆
⑨傳達負面情緒時格外小心謹慎
⑩不要在非工作時間發送電子郵件

## ①掌握個人的肢體語言，並解讀他人的肢體訊息

### 具體的技巧是什麼？

察覺肢體語言所傳遞的訊息含義。

艾黛拉

在急診室，病人通常會因為長時間等待、疼痛、噁心、恐懼和焦慮不安等而感到不滿。有一次，有一位病人在候診室等了五個小時，最後終於進到急診室內的一個房間。我進去時，病人會嘆氣、翻白眼、避開眼神接觸，只給一個字的簡短回答，這種種跡象對我來說都是警示訊號，代表病人正在生氣，我該要採取應對措施了。我坐下來，張開雙臂，刻意正視病人的眼睛，用肢體語言表達出我了解你的沮喪。我道歉並解釋說我剛才忙著處理一位非常嚴重的病患。我們不能多說進入房間之前正在做什麼，在這次的情況中，我不能告訴他另一位病人腦部出血，需要多種藥物、影像檢查，以及與神經外科醫生的緊急會診，以防止腦部在顱骨內腫脹。然而，我想傳達的重點是，眼前這位病人對我同樣重要。我很早就學會解讀病人的肢體語言並相應地調整我的肢體語言，真的可以幫助我避免衝突，進而使我的工作更輕鬆，減少壓力。通常，只是坐在病人旁邊，眼神交流，無需多言，就能真正改變談話的氣氛。

## 我們為何需要掌握這項技巧？

情商高的人通常能掌握自己的肢體語言，也能解讀別人的肢體語言，然而，並非所有人都能做到這一點。患有某些發展性綜合症和疾病的人，例如亞斯伯格症候群（Aspergers）和自閉症（Autism），可能會在社交方面遇到困難，比如解讀他人肢體語言。根據丹尼爾・戈爾曼（Daniel Goleman）的說法，情商基於四個領域：自我意識、自我控制、社交意識和關係管理[3]。情商可以是很簡單的，只要我們辨識出行為模式（無論是自己的還是團隊的），就能夠提升自己的溝通能力。交叉雙臂、背對某人、點頭打招呼、揚眉和微笑不僅僅是動作，也是一種溝通形式。

## 這項技巧為何難以達成？

- 解讀肢體語言需要留意融入在整個互動中的微妙細節。
- 文化差異可能會使人不確定是否誤解了別人的肢體語言訊息。
- 僅透過簡訊文字、電話或視訊會議進行的溝通，可能會削弱或改變肢體語言所能提供的線索。



## 培養這項原子技巧的關鍵行動是什麼？

**關注自己的身體狀態：**你的手臂、背部、腿、雙手、手指和脖子感覺很放鬆，還是因為壓力而感到緊繃？你是不是正全神貫注、感興趣，或是很投入而保持端正坐姿？照照鏡子，觀察自己的站姿，是否運用眼神交流、臉部表情、身體姿勢和手勢。如果你經常聽到和肢體語言相關的評論（例如，被人問到你還好嗎？你看起來很沮喪？），不妨花點時間提高自我意識，掌握自己的情緒變化，及其如何反映在肢體語言當中。

**向他人尋求回饋意見：**請教你的私人顧問團：「我們一起相處時，你有沒有注意到我的肢體語言？」或者「你覺得很難分辨我是快樂、悲傷、生氣、還是壓力大嗎？」請求具體的回饋，你需要細節。

**觀察他人：**仔細觀察他人的肢體動作，比如在咖啡店、車站、海灘，或電視上的人。與朋友和家人交談時，詢問他們在特定時刻的感受，例如，問一句：你似乎有點緊張，我說對了嗎？就足以讓你開始評估別人的情緒是否與其肢體動作和姿勢相關。

**關注自己的身體感受：**你可以學習了解自己的肢體語言。身體的動作有助於你將外在表達、姿勢和態度與內心感受聯繫起來。透過伸展、武術、瑜伽、冥想等活動來探索你的身體。認識和了解自己會更有助於你理解團隊夥伴。

你在隨意思考時，是不是會皺眉，讓人感覺你正在生氣？

你是否經常緊緊交叉雙臂或抖腳，讓人感覺你很不耐煩？

你會不會話說到一半就轉身離開對方？

你生氣時，會不會用手指頭指著別人？

你是否會刻意翻白眼，向人表示你的惱怒或不贊同？當你感到不悅或失望時，你是否會大聲嘆氣？

你感到很驚訝時，是否會張大嘴巴或瞪大眼睛？

你感到挫折沮喪時，會不會就兩手一攤？

你感到悲傷或不受重視時，會不會垂頭喪氣？

針對你的肢體語言向信任的人尋求具體意見。

## ② 辨識語言隔閡和溝通障礙

### 具體的技巧是什麼？

注意別人可能需要協助以進行溝通。

艾黛拉

在急診室工作代表我們需要迅速應對，當病人和醫療團隊用不同的語言在溝通時，效率就成了一大挑戰。有時候，稍微熟悉某種語言的醫護人員（如西班牙語），會為了節省時間而試著與該母語的病人溝通，但事實上，這絕對不是個好主意，雖然確實很誘人，因為病人實在太多，我們需要不斷快速行動。最近我遇到了一位因頭暈而就診的病人。頭暈是個極具挑戰性的症狀，因為「頭暈」一字的含義因人而異，因此，進行徹底的病史調查是很重要的。一位醫學生在沒有找口譯員的情況下詢問該病人，這位學生懂一點西班牙語，但不是很流利。他告訴我該病人的情況，但是缺失了很多細節。「症狀什麼時候開始的？持續多久了？」學生問了，但不確定病人回答了什麼，因此，我請現場的口譯員加入（我從過去的錯誤中學到許多教訓），我們得到更加詳細精確的病史，最後，我們診斷確定病人是中風。



## 我們為何需要掌握這項技巧？

我們需要能夠互相了解。有時候，我們能用自己的母語或學過的語言直接與他人溝通。然而，每個人的能力都有所不同，有時候一方可能需要一些支援才能好好地進行溝通。最重要的是，我們不該試圖強行解決任何困難，而是要給別人適當的空間，利用他們最擅長的溝通方式，可能是口頭語言、紙筆或是手語。

## 這項技巧為何難以達成？

- 問別人是否聽得懂你說的話、詢問他們辦得到或力有未逮的事，可能會令你感到尷尬或不自在。
- 你並不知道有資源可用，如口譯員等。
- 不管是有意或無意的，你對身障或非母語人士缺乏同理心。
- 如果有人的溝通速度比較慢（例如口吃的人），你得控制自己的不滿情緒。

### 培養這項原子技巧的關鍵行動是什麼？

**避免假設每個人都是健全的：**不要以為每個人都有和你相同的能力，在溝通時要保持好奇、開放和包容的態度，要知道殘疾有時候不容易立即察覺。我們經常要求病人（在病床邊）或團隊（如在 Zoom 會議上）：「如果你聽不懂我的意思，請告訴我」。

**傾向於採取支持和包容的態度：**身障人士可以告訴你他們的需求，不妨詢問他們希望你用哪些專有名詞或溝通媒介。例如，有些視訊會議選項可供選擇，像 Zoom 為用戶提供了字幕功能。或者，對於有聽力障礙的人，可以透過電子郵件進行討論，而不是用語音通話。如果是有色盲的人，你可以調整投影片的顏色設計（避免在綠色投影片上用紅色，或在白色投影片上用黃色）。

**保持耐心：**試著克制急躁的衝動，不要催人加快速度。有學習障礙、身體殘疾或是語言障礙的人，可能會需要額外時間來處理和表達他們的想法、擔憂或問題。無論是在辦公室、學習小組，還是會議上，都應該給予他人足夠的時間和空間，讓他們以自己的步調進行溝通。

**尋找資源：**在一些急診室裡，都會有平板電腦，有軟體可以提供幾乎所有語言的翻譯服務或視訊手語口譯的功能。詢問團隊有哪些服務和資源可用於協助支援。記住這句話，「或許有專門的 app 可供利用」，市面上有許多 app 都可以協助溝通。

## ③ 直接講重點，切忌拐彎抹角

### 具體的技巧是什麼？

直接清楚地表達你的重點，不要隱藏在細枝末節中。

瑞莎

我記得第一次遇到一位因患有「腸道壞死」（也稱為腸缺血疾病）而進醫院的病人。這種緊急情況發生在病人的腸道血液供應中斷時，病情往往會非常嚴重，面臨生命危險。當時，我還是醫學生，那是我第一次看到病人經歷如此劇烈的疼痛：他真的不斷地哀求「求求你帶我去手術室」，奇怪的是，他沒有任何醫學背景或手術室經驗。幾年後，我在急診室輪班時，一位病人因類似的嚴重腹痛而入院，他不斷嘔吐，以為是食物中毒，在床上因疼痛而翻來覆去，再多止痛藥也無濟於事。我回想起了醫學院的經歷，知道應該直接聯繫普通外科醫生。我毫不猶豫地打電話告知：「我擔心這位病人患有腸缺血，需要立刻進行手術」。外科醫生取消了門診，將病人送到手術室，這個診斷是正確的，病人得以存活下來。當我們請專科醫師為急診的病人會診時，我們真的需要非常專注。急診醫師也許有個不公平的優勢，知道如何直接表達重點，不會含糊其辭。這對於我們的溝通效率來說，非常重要，絕對是個需要學習的技能。

## 我們為何需要掌握這項技巧？

我們在表達主要訊息時加入太多細枝末節，想用迂迴或含糊的語言來減少衝擊，就會掩蓋了重點。或是我們一直叨叨絮絮，卻沒有察覺自己說得很含糊、毫無重點，主要訊息變得不清楚或是被隱藏得太深，以至於很難理解。這種行為無論是有意或無意，都會使人一頭霧水，聽者可能會自行下結論、完全忽略評論、想深入探究，甚至尋求其他來源的專業知識。這種溝通不良可能造成錯誤或不信任。無論語氣如何，我們繞著問題打轉時，就會開始懷疑對方是否隱瞞了什麼。我們想到人們常說的一句話：「清楚明確即為善意，含糊不清則屬不善」[4]。順便一提，直接表達重點並不見得要與人對抗或帶有敵意，也不需要提高聲量，清楚的表達還是值得用尊重和禮貌的語言。

## 這項技巧為何難以達成？

- 你的觀點還不夠成熟，因為你沒有足夠的時間或專業知識來形塑觀點。
- 你有自己的觀點，但不太敢大聲表達出來，也缺乏自信。
- 你缺乏足夠情商或文化理解，無法以體貼細膩的方式分享個人觀點。
- 直接表達會讓你擔心訊息被接受的程度和對個人聲譽的影響。

## 培養這項原子技巧的關鍵行動是什麼？

**了解溝通的對象：**溝通之前先思考訊息接收對象：在場的人、在電子郵件或簡訊的討論串上有誰？他們是高階利益相關者、客戶，還是同儕？如果你要分享的是保密資訊，你信任這些人嗎？你可以提供非正式的初步討論，還是對方需要你正式且明確的回應呢？

**確定自己的溝通重點：**在開始溝通之前，先確定你的立場以及該如何清楚地表達。最好在溝通之前先問問自己：「我現在想傳達什麼訊息？」就算是你的「肺腑之言」，還是不妨停頓片刻，整理一下思緒，那個暫停時刻是準備發言內容的好時機，避免在說話當中思考和糾結。

**謹慎思考：**在發言或發送郵件之前，不妨三思而後行。在凌晨三點寄出的憤怒郵件，長篇大論解釋你的觀點，絕對不是個好主意。讓自己先了解情況：提問、評估各方面，然後再表態。衝動行為有很多壞處，例如訊息太複雜、郵件過長、給人粗暴的印象、犯錯誤、顯得無知等等。因此，如果你的回應不是迫在眉睫，最好事先理清思路。

**開門見山傳達重點：**在任何溝通中，你都可以用「嗨」「謝謝你」「你好」等簡單的問候做開場白，甚至可以簡短說明你對情況的理解，然後就直接切入重點。要清楚明確，同時保持尊重態度。

| 不夠明確 | 比較明確 |
| --- | --- |
| 我們可以見個面討論一些事情嗎？ | 我想安排下週會面，希望能討論一下我的薪水和每月的輪班次數。 |
| 我覺得我懂你的意思，但有些事情還是有點疑惑。 | 我明白你郵件中的第一點，但是第二點和第三點令我有些困惑，你能說明一下嗎？因為我不太理解這個論點。 |
| 我不太確定我們是否應該這麼做。 | 由於我們預算有限，你的發展構想和計畫似乎不太可行。讓我們見個面，一起想辦法解決我所看到的問題。 |

← 試著預先提示別人，以便提前了解會議目的。

← 讓別人具體了解需要釐清的問題。

← 直接表達你的疑慮。

**提出證據支持個人論點：**你不需要自我吹噓，也不需要反應過度；但是可以花點時間解釋你的理由。以和善的態度展現你的專業知識，分享你的邏輯和推理過程。

| 不夠明確 | 比較明確 |
| --- | --- |
| 我們可以見個面討論一些事情嗎？ | 我最近的病人評價和綜合評鑑結果都是正面的，也都超出了部門的績效目標。我們可以討論一下我的薪資，看看是否有加薪的可能嗎？ |
| 我覺得我懂你的意思，但有些事情還是有點疑惑。 | 你提到的第二點缺乏佐證，根據上個月的調查，我們觀察到的數據趨勢與你所寫的相反。 |
| 我不太確定我們是否應該這麼做。 | 這個計畫需要一萬五千美元的資金，我們的預算只有兩千美元，我們沒有行政人員協助進行運作，因此需要想出填補差額的辦法。 |

**持續溝通：**歡迎提問，請求回饋意見，保持開放態度，以促進更多討論，例如：「你對我的要求覺得怎麼樣？有什麼想法嗎？」或是，「這樣的說明合理嗎？」

## ④ 善用說故事的魔力

### 具體的技巧是什麼？

透過個人故事來闡述你的訊息，讓你的聽眾產生共鳴。

瑞莎

我以前的演講平淡無聊，充斥著大量的條列重點和醫學文獻的引用，幾乎沒有提到個人經歷，也很少提到病患或急診室的情況。多虧了團隊的說故事專家和幾位演講教練的幫助，我改變了我的方式。二〇一四年，我正在準備一場 TEDMed 演講，團隊建議我以具體、親身經歷、且真實的急診室病人故事作為例證（當然需要隱藏身分識別細節）。對我來說，分享個人故事是個全新的嘗試，雖然讓我覺得有些不自在，但我還是勇敢嘗試了。我分享了一位病人的故事——她在急診室遠處病房裡因劇烈疼痛而尖叫著，超音波檢查做出診斷，她因子宮外孕，造成輸卵管破裂，腹腔大量出血，立刻被送進手術室，術後恢復得不錯。如今，我每次演講都會加入故事元素。演講時，我其實看得出來觀眾受到吸引、在情感上開始對我本人和經歷產生共鳴的時刻[5]。我對故事的魔力深信不疑。

## 我們為何需要掌握這項技巧？

故事讓人產生共鳴，能夠激勵人心，並幫助聽眾理解演講者[6]。故事能夠觸動聽眾的情感投入，同時展示特定概念或主題的實用性。不同於表格、條列重點和大綱，故事能使聽眾將自己投射於情境中。你在試圖說服顧客、客戶、主管或投資者時，故事會吸引他們，使你以更深入、更有影響力的方式與他們建立聯繫。這就是我們在本書中與你分享故事的原因之一。

## 這項技巧為何難以達成？

- 你覺得自己沒什麼故事可講，或是不擅長講故事。
- 你擔心故事可能會產生反效果、模糊焦點、拖慢論述過程、分散注意力或是太多人用了。
- 分享個人故事讓人感到不自在和暴露自己的脆弱。

## 培養這項原子技巧的關鍵行動是什麼？

**決定分享故事的時機：**故事可以短至一分鐘，也可以長如一部完整的電影，問問自己：現在是分享故事的好時機嗎？觀察一下現場，比方說，如果人們正在收東西或準備離開，故事可能會吸引他們。如果聽眾顯得很無聊或心不在焉，講個故事或許可以重新把注意力勾回來。

**確定故事的主旨：**在決定分享哪個故事之前，最好先確定故事的主旨，我們顯然是不希望你看起來像是在胡說八道或不知所云。找到故事的重點有助於你適當地調整細節，並與「講述原因」相關聯：我為什麼要講這個故事？聽眾為什麼會想聽呢？可能需要經過多次草擬和修改，才能達到你所期望的清晰度和重點傳達。

| 不夠明確 | 比較明確 |
| --- | --- |
| 我要跟你們分享一個故事，是關於一家公司一直有人離職的事，尤其是覺得沒有歸屬感的人。 | 我以前有一份工作，在一年半的時間內有十四位團隊成員相繼離職，其中有十二位是女性，有些人甚至都還沒找到下一份工作。每次收到電子郵件公告時，我們的士氣也受到打擊。為什麼這些女性要離職呢？ |

**真實而自然：**真心誠意地分享故事，講述一個能引起共鳴且富有對話性的故事，千萬不要勉強，沒有故事的情況總是勝於分享明顯虛構或誇張的故事。想想生活中的真實事件，或是對你認識的人造成影響的例子，講述能夠幫助你傳達個人觀點的故事。

**註明來源及徵求許可：**如果你想要轉述所聽到的故事，務必註明來源。如果用了身分識別細節，應先徵求當事人的許可：「我可以轉述你跟我分享的這個故事嗎？」如果有身分識別的顧慮，不妨根據需要變更細節或將故事匿名，同時保留其主旨。

**放輕鬆：**所謂分享故事，我們指的是將故事融入對話或演講中，以證明一個觀點。每個人都有故事可以分享，不見得是屢獲殊榮的故事大師才能這麼做。故事可以很簡短，目標是引起聽眾的共鳴、傳達訊息，或闡述一個觀點。

## ⑤少說、多聽、分享發言機會

### 具體的技巧是什麼？

練習專注地傾聽，讓別人有機會表達意見。

瑞莎

我花了好幾年才學會如何適當地表達（無論文字還是肢體語

言），應對在工作場合目睹的不尊重行為。有一次，我正在主持一個會議，每個人都輪流向小組報告自己目前的工作計畫，以及上次會議以來的具體進展。我的一位女同事（是職場新人、有色人種）開始進行報告，大家都知道她有眾人少有的專業知識和技能。她的主管幾乎立刻就打斷她、糾正她的說法，將她的工作都歸功於自己，讓她無法表達意見。不幸的是，這種慣性行為幾乎每次開會都會發生。在他滔滔不絕地說話時，現場一時鴉雀無聲，我決定採取行動。我禮貌地舉起手示意主管停止，簡單地說聲「對不起」，然後轉向年輕同事問道：「妳還沒講完吧？」此時，她微笑以對，繼續她的進展報告。正是體制容許這種不尊重的溝通行為發生，在職場新人、女性和有色人種身上更是屢見不鮮[7]。完美的溝通就是少說話、多傾聽，並分享發言機會。

## 我們為何需要掌握這項技巧？

認真傾聽是很重要的，人都會有強烈衝動想分享自己的觀點並參與對話，這當中存在一種平衡，因為每個人的意見都是有價值的，如果你重視自己的意見，別人也是如此。每個人都有其獨特的見解，先聽取他人的想法再加以延伸發展，你的發言將更為精闢，時機也會更恰當。

## 這項技巧為何難以達成？

- 沉默會引發焦慮：你強烈渴望用說話來打破沉默、填補空白。
- 如果保持沉默，你擔心自己會給人一種不夠專注、不積極參與，或無能的印象。
- 你太愛說話，占用別人太多時間卻毫無自覺。

## 培養這項原子技巧的關鍵行動是什麼？

**讓自己習慣沉默：**沉默在溝通中是很重要的，會讓你有時間思考，也會給予對方說話和思考的空間。完美的溝通是重質不重量，不必每分每秒都說個不停。

**讓自己成為純粹的傾聽者：**暫停片刻，讓別人發言，試著等待別人提出一、兩個評論。有人在電子郵件、會議或小組討論中提出問題或評論時，沒有必要急著第一個回應。

**運用非言語溝通方式：**透過非言語的暗示來表示同意，如點頭、豎起大拇指或鼓掌。舉起手或手指表達興趣可以讓我們排隊發言，而不會干擾別人的發言時間或優先權。不必每次都這樣做，但應該要讓別人知道你對他們的評論持開放和歡迎的態度。

**男性（或有權力者）避免說教、打岔和霸占的行為：**職場上的偏見是真實存在的。要避免成為那種同事的方法之一就是透過自我教育，了解偏見在溝通中的表現方式[8]。令人信服的數據顯示，職場權力關係尤其會讓女性和弱勢族群不敢發聲，因此男性的支持態度可以發揮重要且強大的作用[9]。

| 術語 | 定義 | 實例 |
|---|---|---|
| 男性（或有權力者）說教（Mansplaining）[10] | 男性（或有權力者）以居高臨下的態度或不夠尊重的語氣向女性（或弱勢者）解釋事情。 | **男性（或有權力者）：**「我來告訴妳完成計畫最好的方法，妳需要做的是……」<br>**女性（或弱勢者）：**「我在另外兩家公司曾經管理過類似的計畫。」 |

| 術語 | 定義 | 實例 |
| --- | --- | --- |
| 男性（或有權力者）打岔（Manterrupting）[11] | 這是一種性別歧視的霸凌行為，男性（或有權力者）無故打斷女性（或弱勢者），通常會一再發生，旨在使其保持沉默或剝奪其主動權。 | **女性（或弱勢者）：**在每週會議上報告團隊專案的最新進展。「我們……」<br>**男性（或有權力者）：**「在妳繼續之前，我跟大家說明一下進度……」 |
| 男性（或有權力者）霸占（Bropriating）[12] | 女性（或弱勢者）提出了一個不錯的想法遭到忽視，而男性（或有權力者）隨即提出相同的想法，並被認為是個好主意。 | **女性（或弱勢者）：**建議下次會議改為親自實地參訪。<br>**男性（或有權力者）：**就在她提出建議之後，「我認為我們應該親自到現場，實地了解他們的新部門。」 |

# ⑥ 善用非同步傳訊方式

## 具體的技巧是什麼？

學習多種溝通工具，讓你能夠進行同步和非同步的溝通。

瑞莎

在急診室，我們必須以各種方式進行溝通，這是一種隨著時間逐漸學會的技能，也是我試著教導實習生的情境認知細微差別。例如：

**電子郵件：**我想通知一位基層醫師，他的病人在急診室接受檢查，結果一切正常，並已出院回家。

**面對面溝通：**走到病人面前，告訴他們X光片上顯示有骨折現象。

**電話聯絡：**病人去世了，你需要通知不在急診室的家屬。

**簡訊聯絡：**在值班期間，教職同事傳簡訊詢問有關下週講座的問題，我回了簡訊。

**呼叫系統：**一位腹痛的病人診斷出闌尾炎，需要轉往手術室，我呼叫外科醫生。

**透過醫院總機直接聯繫：**我在急診室工作，打電話給總機，請她幫我轉接到加護病房的護理站。

**全院廣播通知：**一位病人心臟病發作，急需心臟科團隊立即前往急診室。醫院總機透過廣播系統全院通知，將訊息傳達給心臟科團隊。

## 我們為何需要掌握這項技巧？

多種溝通工具對每個人都有好處，非同步訊息傳遞的優點在於不需要立即回覆，而是等到方便時再回應（例如工作時間）。非同步訊息提供了我們所需的自由，消除了即時對話的需求，使我們能在安全情況（非駕駛中）、方便的時候進行溝通，也能更周密地思考。這種延遲有助於你認真工作、避免分心和提高工作效率[13]。

## 這項技巧為何難以達成？

- 學習新科技可能讓你感到不知所措又氣餒。
- 錄下自己的聲音或在視訊通話中露臉可能讓你感到脆弱。
- 你可能更偏好即時對話的安心感。

## 培養這項原子技巧的關鍵行動是什麼？

**選擇一款 app 來練習：**雖然你可以使用多種 app 與不同的人和群組溝通，但我們建議你選一個開始練習，熟悉整個流程。例如，如果你想發送語音簡訊，利用手機預載的通訊 app，或是所有同事都在用的軟體。你可以請一位朋友和你一起練習，按住麥克風圖標，開始說話，然後發送出語音簡訊，

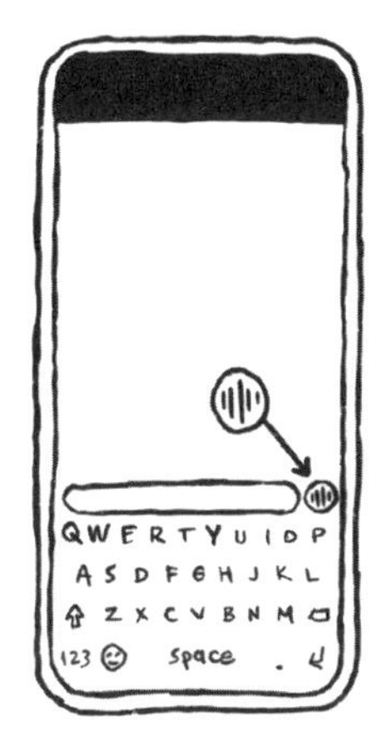

善用非同步訊息傳遞，例如，如果你想發送語音簡訊，可以用不同的手機應用程式，找朋友一起練習錄音、收聽、刪除和保存訊息。

請求對方回覆你的訊息。練習錄音、收聽、刪除和保存訊息。

**根據對象和情況選擇適當的溝通工具：**簡訊溝通比較隨意、私密，也可以避免收到過多的郵件。電子郵件比較正式、專業。語音訊息透過語調和發音能夠呈現更多情感和個性。影音訊息還可以讓你看到和聽到對方。然而，我們不建議向主管發送語音或影音訊息，除非你們夠熟。影音訊息、文字簡訊和錄音訊息，都不像電話或會議那樣需要事先協調和規畫。不要只因為某人與你年齡相仿或在同一團隊，就認為對方會願意隨時和你傳簡訊。

**注意溝通內容：**個人對話與專業溝通應該要有所區隔。你用某種方式與大學同學傳簡訊，並不代表你對主管也可以比照辦理。在討論敏感內容時，要保持警覺。避免在簡訊或電子郵件中進行帶有負面情緒或緊張的對話：這些情況最好是透過電話或面對面即時溝通。請記住，別人可以分享、複製和轉發你的訊息。

**趁早討論偏好的溝通方式：**你可以詢問哪種媒介最適合團隊。友善地詢問他人希望怎麼溝通。完美溝通的關鍵在於各方針對溝通媒介和限制達成共識（例如，晚上或週末減少溝通，或不用視訊）。

## ⑦ 寫出讓人想閱讀的電子郵件

### 具體的技巧是什麼？

寄送別人會願意讀取而不會被忽視或刪除的電子郵件。

艾黛拉

我曾經為我所共同創辦的領導力計畫草擬一封郵件，在正式寄出之前，我請我非常擅長溝通的導師蜜雪兒．林醫生（Michelle Lin）過目。我把這封郵件寄給她看：總共有四大段落，超過了一頁。她的回應非常友善、清楚又直接：「沒有人會讀完這些內容」。她附上了一份編輯過的草稿，包含了三個簡潔、文筆流暢的段落，其中一段只有兩句話。我對兩個版本之間的對比感到好笑，她刪掉了那些毫無意義的句子，如「我希望這一點很清楚」或「我會在這封郵件中解釋一切」。她的建議是無價的，無論你的文筆有多好，長篇大論的郵件很有可能根本沒人會看。

### 我們為何需要掌握這項技巧？

我們必須寫出讓人易於閱讀的電子郵件，所謂易於閱讀是指簡短扼要，因為一般人讀一封郵件的時間大約為八到十二秒[14]，而且據報導，有六五％的電子郵件訊息都被人忽略[15]。此外，內容也要更清晰，包括組織結構、提供關鍵資訊、不要將重要細節埋藏在冗長的段落中。如果冗長的郵件可以讓人免去更多的會議時間，或許是可接受的。無論如何，我們希望你所寫的電子郵件能遵守良好溝通的承諾。

## 這項技巧為何難以達成？

- 寫一封明確而簡潔的電子郵件（包括拼字和文法檢查），需要花費時間和心力。
- 主管沒有給你好的示範。
- 團隊和工作文化並不重視有效的電子郵件溝通。
- 你認為每個人都寧願收到冗長詳細的郵件訊息，而不想花時間召開會議。



## 培養這項原子技巧的關鍵行動是什麼？

**明確擬定郵件標題：**主旨欄應該簡明扼要說明郵件目的，例如：十一月二十九日會議摘要記錄。

**適度的問候：**問候語不必太冗長或過於空泛，要真心誠意地表達，例如：「希望你週末過得愉快」，或是「新年快樂」，甚至是簡單的「你好！」要考慮對方的感受，不要虛偽，如果你知道他正面臨困難時期，要表達同情，例如：「我希望大家都平安健康」，或是「我一直在惦記著你和你的家人」。

**安排郵件內容架構：**保持簡單明瞭，例行郵件不需要過度結構化，重點可用簡短段落或項目符號清單來強調。使用縮寫和首字母縮略詞時要注意，在全球和各行各業中，可能會有人不明白你的意思。如果對方不熟悉，第一次提到時先寫出完整名稱，然後再縮寫，例如：「在急診室（ED）我們……」[16] 如果注意到郵件太冗長，不妨考慮將大段落拆成幾個小段落、刪除所有不必要的詞語（例如，事實上、事情就這樣發生的），或是乾脆直接打電話溝通。

**提供摘要：**摘要可以是簡單一句話。如果郵件特別長，要提供簡短的摘要，包括任何必要的聯絡資訊、附件和網站連結。提供會議的日期和時間，強調關鍵細節：利用粗體、斜體、畫底線或顏色來凸顯非常重要的資訊。不要過度追求字體和顏色美感。我們習慣用黑色無襯線字體（相當於中文的黑體，如 Arial 或 Helvetica）或簡單的襯線字體（相當於中文的明體，如 Times New Roman）。我們也喜歡在郵件一開始就提供摘要。

郵件訊息：

瑞莎 妳好，

我希望妳的假期過得愉快。

妳有時間和莎拉討論我們即將舉行的募款活動嗎？我想再次確認，妳和妳主管是否已經選定了工作坊的日期。我們希望在星期一之前完成此事。

我今天下午四點到五點有空（美東標準時間），可以討論一下。

謝謝妳。

艾黛拉
555-555-5555

一開始先向團隊或個人致意，可選擇是否要簡短地問候一下，例如「希望你週末過得愉快」或「希望你今天一切順利」。

表明郵件目的。

強調關鍵細節：利用粗體、斜體、底線或顏色來凸顯重要資訊。

避免詢問對方「什麼時候有空？」而是直接提供時間選項。

電子郵件不必過於冗長或複雜，通常只需要發送重要資訊、並突顯關鍵訊息，便於收件者查看。

**仔細檢查細節：**錯誤在所難免，特別是在使用自動校正功能的情況下，值得多花幾分鐘檢查一下日期、時間、地點、超連結、名稱的拼寫等細節。

**刪除不必要的內容：**重讀郵件，刪除多餘、會分散注意力的內容。

**注意語氣：**由於電子郵件的性質，許多情感表達都被抽離了，因此，要注意不要聽起來太突兀或冷漠，也不要過度使用驚嘆號、全大寫字母或問號。要盡量避免用「唉」（嘆息）或「什麼！」（驚訝）這類字眼來表達你的沮喪。表情符號、圖案、標點符號和 GIF 有助於表達情感，但也會使郵件顯得不正式。運用這些附件表達自己，尤其是驚嘆號，通常被認為與性別相關，即女性比男性更常使用[17]。女性或弱勢者不該覺得被迫表現興奮或抱歉的語氣，要真實地表達自己。我們希望大家知道中立、無動於衷、冷漠情感都是正常的，也鼓勵你傳達直接的訊息，而不必擔心被人認為過於熱情或活潑。如果你需要傳達重要訊息，不必覺得一定得添加「哈哈、LOL 或嘻嘻嘻」等字眼來緩和衝擊，只需禮貌而清楚地傳達訊息即可。

**簽名檔：**在電子郵件偏好設定中預設一個簽名檔，使其自動填入你的郵件中。根據你的喜好調整細節，目的是提供進一步資訊幫助別人識別你的身分，了解並關注你。

| 簡易的簽名檔 | 詳細的簽名檔 | |
|---|---|---|
| 艾黛拉・蘭德瑞<br>555-555-5555 | 艾黛拉・蘭德瑞<br>醫學博士、教育學碩士<br>哈佛醫學院助理教授<br>Writing in Color 共同創辦人<br>Twitter: @AdairaLandryMD<br>555-555-5555（工作） | ← 詳細列出全名資格、重要職稱，和所屬的公司或機構。 |
| 瑞莎・盧伊斯 | 瑞莎・盧伊斯<br>急診醫學教授<br>女性<br>網頁 \| Instagram \| LinkedIn | ← 根據個人喜好提供聯絡資訊。提供網站超連結或線上聯絡方式。 |

請考慮在簽名檔中詳細列出全名、資格、重要職稱，和所屬的公司或機構，提供聯絡方式以及任何網站的超連結。如果願意，不妨提供性別。

# ⑧ 善用電子郵件功能：副本、密件副本和全部回覆

## 具體的技巧是什麼？

謹慎使用副本抄送（CC）和密件副本抄送（BCC），也盡量少用「全部回覆」（Reply All）。

瑞莎

我喜歡在有人透過電子郵件引薦我時，我可以回覆：「感謝您的引薦，我將您移到密件副本抄送，以保護您收件箱的空間」。密件副本沒有受到充分重視；我喜歡用這個選項，因為這是避免「全部回覆」的好方法，可以保護收件人的隱私。這是很棒的工具，貼心地尊重別人的時間和收件匣空間。我以前並未完全了解它的好處，曾看到這被報復性地用來作為文件追蹤證據。

## 我們為何需要掌握這項技巧？

希望到目前為止，我們已經證明了用心撰寫的電子郵件有利於好好溝通。為了達到這個目標，你需要學習電子郵件的工具和配件。據報導，考慮周到的電子郵件可以幫人減少每天花五個小時在閱讀郵件上[18]。我們曾經談到富有同理心的電子郵件文化，照顧同事之間的收件匣[19]。透過建立關心同事工作負荷量的文化，彼此互相幫助。

## 這項技巧為何難以達成？

- 你不清楚電子郵件所有選項之間的區別。
- 在郵件溝通方面，你的主管和同事有不同的偏好，例如「將所有內容副本抄送給我」或「只有在必要時抄送給我」。

- 你不太願意改變先前確立的電子郵件模式。
- 你認為「全部回覆」對團隊總是有幫助的。
- 你認為密件副本抄送應該只用於隱秘的溝通（亦即將某人添加到密件副本，但不告知其他人）。



## 培養這項原子技巧的關鍵行動是什麼？

| | |
|---|---|
| 寄件人： | 克里斯・霍夫曼（Chris Hoffman） |
| 收件人： | primary.recipient@example.com , another.primary.recipient@example.com |
| 副本抄送： | for.your.information@example.com, also.fyi@example.com |
| 密件副本： | secret.person@example.com |
| 主旨： | 郵件的主旨 |
| 內文： | 以下是這封郵件的內容： |

**收件人欄位（TO）的使用方式：**該欄位中的收件人應該是與郵件內容直接相關的人，所有收件人都是彼此可見的，也可以看到副本抄送欄位中有誰，但看不到誰在密件副本中。任何一位收件人按下「全部回覆」時，該郵件就會被發送給所有人（密件副本欄位中的人除外）。

**副本抄送欄位（CC）的使用方式：**副本抄送很適合用來將人納入知會範圍。通常，如果我們直接向某人提問或告知重要訊息，我們可能會將副本抄送給另一方，以便其參與並了解情況，不妨將之視為「僅供參考」（FYI）的作用，一般來說，他們不需要採取任何具體行動。副本抄送欄位中的人不是私密的，和收件人欄位一樣，可以看到所有收到這封郵件的對象。

**密件副本抄送欄位（BCC）的使用方式：**密件副本最大的好處在於防止「全部回覆」造成每個人的收件匣充斥郵件的風險。這是怎麼做到的？因為密件副本收件人都無法回覆全部收件人，他們之間都是相互隱藏的。因此，如果你想發送郵件給二十、五十或一百人，將所有人都放在密件副本欄位中可以避免「全部回覆」的混亂。密件副本的第二個好處在於可以隱藏需要聽到相同敏感資訊的收件人身分（例如，專案團隊中有些人的任務進度落後，你可以發送這則訊息，而不公開點名個別的人）。

**在問候語中表明收件對象：**請記住，位於密件副本欄位中的收件者，只能看到寄件人，看不到任何其他密件副本收件人。為了保持溝通的透明度，在郵件問候語中表明所有收件對象，包括收件人和密件副本欄位的人。例如，艾黛拉給她四十位學生發郵件時，會把他們全部放在密件副本中，並以「學生們，大家好」開頭。

**謹慎使用「全部回覆」：**使用「全部回覆」要特別注意，尤其是在收件人名單很長的情況下。暫停思考一下：我的回覆對每個人都很重要或是有必要嗎？你總是可以直接回覆給寄件人，請他們自行決定是否廣泛轉發。

## ⑨ 傳達負面情緒時格外小心謹慎

### 具體的技巧是什麼？

如果你對某人或某種情況感到不滿，請在發送任何內容之前先思考一下。

艾黛拉

我在接受急診醫學培訓的第四年，被選為住院總醫師，這個職位的其中一項任務就是為所有住院醫師安排全年的輪班時間表，另一項任務則是處理有關班表的意見和回饋。有些電子郵件的措辭非常嚴厲，說我們的排班能力有問題，這是好聽一點的轉述，我記得實際上說的是「你們的工作表現糟透了」。我和其他的總醫師立了一條規則：收到粗暴和不專業的評論時，一概不回覆。我們也制定了一個流程：由一位住院總醫師草擬對憤怒郵件的禮貌回應；在發送之前必須由另一位總醫師先看過，所有回覆的郵件都需要等二十四小時，然後再進行第二次校對，這樣可以防止我們在回覆郵件時出現負面語氣。



## 我們為何需要掌握這項技巧？

想成為優秀的溝通者，在發送一封充滿憤怒、可能引起反效果的郵件或簡訊之前，要先三思而後行。我們即時的情緒和反應往往是最直接、最真實的，這些感受需要好好處理，但是並不代表有必要在工作場所表現出來。沒錯，你有權利感到憤怒、疲憊、沮喪、嫉妒，這是正常的，然而，需要策略地思考該何時、如何以及向誰表達這些感受。請記住，郵件訊息可能會被轉發、編輯或受到誤解。如果你的情緒很激動又不穩定，那麼你的實際觀點可能會被忽略，而情緒本身可能會被放大。我們希望你能採取策略，控制自己所說和所寫的內容。

## 這項技巧為何難以達成？

- 人難免會有反應、想為自己辯護或解釋自己的觀點。
- 我們或許認為，表現強烈情緒對自己和團隊有建設性影響，或有助於心靈療癒。

◆ 你也許不想壓抑自己的聲音，也不打算改變你對工作場所的真實想法。

## 培養這項原子技巧的關鍵行動是什麼？

**主動找時間休息：**若原本就處於疲憊狀態，再遇到壓力情況，會使這個原子技巧更難以掌握。等你充分休息之後，就能更有效地控制本能反應。情緒難以控制（包括憤怒和攻擊行為）與睡眠不足有關[20]。

**回覆前三思而後行：**感到心煩意亂、沮喪或惱怒時，不妨練習呼吸（慢慢地深呼吸和吐氣）。暫時遠離情境：出去散步、去洗手間，給自己一點時間。暫時遠離壓力來源不僅對身體有益，也有助於改善情況。如果你肚子餓了，就去吃點東西。

**打電話找朋友談心：**向你信任的人傾訴心聲，最好是與情況無關的人，詢問是否有任何內容不夠清楚、誇大，或是對你不利。

**事先打草稿：**把想法記錄下來。即使你打算透過電話表達，無意發送任何情緒化的郵件，事先草擬想法有助於釐清思路和療癒傷痛，將之寫在記事本上、Google 文件或 Word 文檔中。避免在工作的電子郵件中寫下有爭議性的想法，以免不小心按下發送鍵。

**重新檢視溝通內容：**除非時間緊迫，否則不妨等到隔天再次查看你所寫的內容，給自己一些時間，就不會感覺那麼激動，重新編輯，以確保內容清楚、簡潔和客觀，刪掉憤怒、沮喪、怨恨的語氣。為什麼呢？因為我們不希望你的情緒反應影響你試圖創造的變革或倡導的目標。

**保持好奇心：**為了確保對話持續開放，試著對對方的觀點保持好奇心，不要讓個人的假設和投射影響對話的發展。你可以解釋個人觀點，也要虛心接受自己可能並不了解整個故事。

**做出計畫：**最終，當你心情平靜、鎮定下來、情緒不再那麼激動時，你必須決定是否要發送訊息、安排會議，還是選擇放下。

# ⑩ 不要在非工作時間發送電子郵件

## 具體的技巧是什麼？

務必在工作時間內處理郵件，而不要占用休息時間。



艾黛拉

幾年前，一位醫生同事在星期五晚上九點給我發了一封郵件，邀請我填寫一份研究問卷調查，這似乎並不緊急，我心想等到星期一再做這件事。星期天晚上，同事又發了一封郵件：嘿，我只是想確認一下妳是否收到我的郵件？然後，在星期一早上七點，又收到了一則簡訊提醒，問我是否能在當天完成問卷調查。這麼多的訊息都是在標準工作時間之外發送的。憑良心說，我記得我像那位同事一樣資淺的時候，也曾在下班後還繼續工作，曾在短時間內對同事做過同樣的要求，所以，大家都有過類似的經歷。但事實上，很多事情並不那麼緊急，尊重別人的下班時間才是比較健康的。

## 我們為何需要掌握這項技巧？

工作時間可能有所不同（特別是在混合、跨國或輪班工作環境中），和團隊一起決定你們認為的標準工作時段。我們知道有些公司是全天候營運，需要頻繁溝通，然而，即使在這種工作文化中也是可以設定界限。在一篇「何謂有同理心的電子郵件文化」文章中，我們刻意討論非工作時間的訊息溝通：這麼做會讓收件人不得不想到工作[21]。作為急診醫師，我們也知道自己經常得在別人在家休息或睡覺時工作，但是我們還是建議發送郵件時要多考慮收件人的工作和休息時間。非工作時間通常指晚上、週末、假期、休假和節日，善待團隊的表現就是避免在這些時間發送郵件訊息；否則，許多人會覺得必須立刻回覆，或休息時還得工作。他們需要放鬆休息的時間。

## 這項技巧為何難以達成？

- 你急著想把桌上的工作處理掉，尤其是一些能快速完成的事項。
- 一收到郵件，很難不立即回覆。
- 你認為你的團隊會期望馬上得到回覆。
- 你的工作環境存在不健康的電子郵件溝通文化，幾乎沒有私人空間。

## 培養這項原子技巧的關鍵行動是什麼？

**關注時間問題：**和團隊溝通確認「我們是否可以改進郵件通訊的時間？」《雅典娜憲章》（The Athena Swan Charter）為高等教育和學術研究領域的性別平等提供指導方針，該憲章建議可以合理認定工作時間是週一至週五上午十點至下午四點[22]。然而，如果與你合作的團隊成員來自全球各地，或許可以提供別的時間選擇以幫助其他人。

**草擬電子郵件並安排發送時間：**在非工作時間起草郵件，並安排在適合的時間發送。如果你還不知道如何設定郵件寄送時間，請在網頁瀏覽器搜索欄中輸入如何在 Gmail 設定發送郵件（或 Outlook 等），以了解相關方法。Gmail 和 Microsoft Outlook 都有內建功能，而其他系統可能會需要下載瀏覽器外掛程式（如 Boomerang）來安排郵件的發送時間。

**在簽名檔中附加一行訊息：**在郵件簽名底部添加一行，例如，我的工作時間是週一至週五上午九點至下午五點，在非工作時間可能不克回覆，或是我在晚上、週末和假期可能無法回覆。

**選擇其他溝通方式：**如果事情很緊急，不能拖延，不妨想想郵件是不是最適合的溝通方式，一封郵件會不會造成多次來回溝通？也許透過簡短的五分鐘電話討論，可能更容易解決問題。

## 好好溝通的原子技巧總結

- 與人溝通時，力求使用簡明扼要的表達方式。
- 了解自己的肢體語言在溝通中的關鍵作用。
- 不是每個人的溝通方式都和你一樣；要保持好奇、開放、耐心和友善的態度。

## 第4章

# 培養和守護名聲的原子技巧

艾黛拉

我認識一位名聲不好的外科醫生，有一天，他進入急診室，走到電腦工作站前，我看到一些同事開始緊張起來。有位護理師甚至在他走過時避開目光，沒有打招呼。我也看到一名正在對胸痛患者進行心電圖檢查的技術人員，在他經過時翻了個白眼。我問坐在我旁邊的護理師究竟怎麼回事，她告訴我，那位外科醫生曾多次對人發脾氣，說話的態度粗魯又傲慢，因此沒有人願意與他互動，大家都認為他是個惡霸，所以她也寧願不和他打交道。雖然我從未直接問過他本人，但我很納悶他知不知道自己給人一種沒禮貌又難配合的印象？他是否在乎自己的名聲？

不管接不接受，每個人都以某些特質而聞名，可能包括工作勤奮、對人友善、滿懷雄心壯志或是懶散。個人的行為和說話態度會影響別人對我們的印象和評價。最令人意外的是，我們的名聲大部分來自主觀標準。

好名聲需要長時間的累積，需要長期不斷重複出現的例證，而且關鍵在於一致性。反之，名聲差卻是瞬間就能形成，需要的實例也少得多，而且一旦臭名遠揚，想要擺脫就不容易了。我們常聽人說「不要擔心別人對你的看法」，在大多數情況下，我們也是認同的：照顧好自己，節省精力，不要去擔心自己無法控制的事情。然而，職場並不是那麼黑白分明，你不該只關注自己，有些結果（例如加薪、升遷、新的團隊分配或責任）並非總是操之在己。事實上，如果你在一個組織、公司、醫院或機構工作，你的職業生涯發展大都取決於別人對你的觀感，以及他們是否願意與你合作共事。

這與你的聲譽息息相關。數據顯示，人們通常比較相信聲譽，而不是自己的第一印象，比方說，九〇%的線上顧客在親身體驗商家之前都會先看過、也會很相信客戶評論[1]。我們不能否認群眾外包（crowdsourcing）印象的便利性，即使就個人而言也是如此，你應該只關注本身優秀和積極的特質，這些優點才能進一步加強。我們希望你發掘自己是否值得信賴、熱情、果斷、富有創造力和好奇心。自我反省，找出自己的缺點也很重要，例如，你是否常常情緒化、容易發脾氣、善變，或總是遲到？

我們必須面對一個令人遺憾的問題，雖然生理和人口統計特徵不該影響到人的職場聲譽（例如身高、年齡、生物特徵、性別和性取向以及膚色），但事實上的確如此。這些特質應該與人的名聲無關；可惜並非所有人都認同我們的觀點，職場上的成功和被接受度與一個人的身分和外表息息相關[2]，我們想說清楚，我們雖然只能關注自己可掌控的面向，但別人對你個人特質的觀感可能會影響到你建立的名聲。本章提供一個反思機會，讓你審視自己真正想要改進的地方。我們並不希望你做一個很假的人，也不建議你為了適應環境而改變自己的本質、外表或個性。

在本章中，我們討論十個策略，學習如何建立良好聲譽、維護聲譽的方法，以及在個人名聲受損時如何採取補救措施。

## 培養和守護名聲的 10 種原子技巧

① 重視截止日期並與團隊溝通

② 不要成天抱怨

③ 分享個人的失敗、展現人性化的一面
④ 明白說謊的負面影響
⑤ 了解他人對你的投入的印象和評價
⑥ 培養個人在團隊裡的口碑／聲譽
⑦ 注意避免八卦
⑧ 別自我膨脹
⑨ 聲譽受損時採取彌補行動
⑩ 誠懇道歉，解釋自身錯誤



## ① 重視截止日期並與團隊溝通

瑞莎

我第一次和未能準時完成任務的團隊成員合作時，感受到這對每個人所造成的影響，包括我自己在內。這實在很難處理，因為每次查詢進度時，他們都會說正在努力完成自己的任務；然而，每次到了目標截止日時，卻一事無成，沒有為研討會準備投影片、還沒寫好段落草稿，或是不回覆特別請求每個人參與投票的電子郵件，這對團隊造成了負面影響。首先，有等待結果的壓力，不確定他們是否會履行承諾？其次，對於他們阻礙計畫進展而感到失望。第三，還有別人得收拾殘局的不滿。我看到了團隊的士氣低落，挫折感加劇。無論他們和人打招呼時多麼友善，都被認為是不可靠、總是愛找藉口的人，這種印象根深柢固，造成很少有人願意與之共事。最終，溝通和查詢進度都起不了作用。我從這次經歷當中學到了很多：如果自己錯過截止日期，我會承擔責任，也會向團隊報告近況，以便他們知道下一步該怎麼做。

## 具體的技巧是什麼？

與團隊溝通，讓他們了解你的工作進展情況。

## 我們為何需要掌握這項技巧？

你永遠都不該人間蒸發、失聯，這種行為是不可取的，別人會注意到，你的聲譽也會受損。有時候，無法完成任務是因為興趣不合、有別的競爭需求、技能不足，或資源有限等，有時則是生活中突如其來的危機需要你去處理。如果不是經常延遲，別人會諒解的，人生難免會有意外。即使你預料別人不會理解，還是應該讓對方知道。

## 這項技巧為何難以達成？

- 對你來說，時間管理很難。
- 你以為截止日期和時程表對團隊來說並不重要。
- 你不想讓別人失望，因此避免溝通。
- 你覺得完成工作比提供進度報告更重要。

## 培養這項原子技巧的關鍵行動是什麼？

**預先告知你還有哪些需求：**讓團隊知道你對計畫的評估，以及任何其他需要你專注的工作。如果一切都沒問題，你也同意這項工作，不妨透過郵件確認並制定計畫，例如：「你好，這個計畫可行，將在星期五前完成」。如果你預計有其他需求，或想要另一個計畫，也可以提出：「如果我們能將截止日期延後一天，我就可以完成這個任務？」或是「我有個重要演講需要在這之前完成」、「我的另一位主管要求我優先處理我們的年度報告。可以嗎？」

**發送近況更新：**寄出簡短的進度報告，例如：我已完成了預算評估，或會場已經預訂好了，研討會演講者也已確認，我預計本週末之前會完成其餘細節。進度報告也可以包含請求協助，例如：我在最後一個階段遇到了困難，我們能安排一次會議解決這些問題嗎？

**提供其他方案或時間表：**如果遇到突發狀況而無法按時完成任務，應該立即報告近況，簡單說明情況，並提供其他方案，例如：非常抱歉，我的進度有些延誤，能否再多給我一天的時間？能及時告知是最好的做法，但發送延遲訊息總比完全不告知要好得多。

**超前進度、高效執行：**我們喜歡超前進度、高效執行的概念。如果可能的話，盡量在原定時間之前完成任務。避免樂觀承諾會提前完成，也要避免為了趕截止日期而使自己精疲力竭。然而，如果能達成目標，提前完成任務只會有助於提高你的聲望。



## ② 不要成天抱怨

### 具體的技巧是什麼？

謹慎地表達負面或批評意見。

艾黛拉

我領導一個由工程師、市場銷售代表和臨床專家組成的跨學科團隊，我們正在設計一種醫學教育工具。整體而言，團隊之間的互動是積極而融洽的。然而，偶爾會有一位團隊成員抱怨說：「我們的進展太慢了，必須要趕上更強大的競爭對手」。從技術層面來看，他是對的，我們的進度發展不如人，然而，抱怨的語氣給人一種受貶抑和不安的感覺，而且他也沒有提出明確的觀點或解決方案，只是提醒我們落後了。抱怨通常發生在成員報告進度時，因此對剛發言的人來說，有種被針對的感覺。他的許多抱怨都是有道理的，但是從情感的角度來看，似乎沒有考慮到現場其他人的自尊心，因此，團隊士氣大受打擊，起初，我不知道如何將這種情緒抱怨轉化成有建設性的解決方案，只是覺得很難過。後來，我直接與這個成員溝通，將他的抱怨重新表達成更有建設性的說法，「我們可以做些什麼改變，讓團隊更容易解決這個問題呢？」那個方法幫助他決定該何時以及如何提出個人疑慮。

## 我們為何需要掌握這項技巧？

在職場上對工作問題發表意見或反對，是很常見的事。據報導，人們每個月抱怨工作的時間約為十到二十小時之間[3]。我們當然可以抱怨，但是需要有策略，過多的負面評論會打擊你和團隊的士氣。此外，找錯對象抱怨或以有害的方式發洩情緒，可能會損害你的聲譽或職位。策略性地排解情緒是好的：不妨在安全的環境發洩，甚至可能帶來改變。最困難的部分在於找到適當的強度、對象、方式和目的，以解決你提出的問題。

## 這項技巧為何難以達成？

- 當你只關注負面事物時，就會很難找到解決問題的方法。
- 大家都有同樣的抱怨，但你擔心會被視為告密者或煽動者。
- 如果你提出抱怨，就會被要求負責想辦法補救或領導解決方案。
- 你不知道自己找錯對象抱怨或太常抱怨。

## 培養這項原子技巧的關鍵行動是什麼？

**開口之前要三思：**在抱怨之前先深呼吸幾次、散步、運動一下，確保你有吃過東西，讓身體和神經平靜下來。不妨找一個值得信賴的同事、朋友或家人傾訴，讓他們幫助你暫時冷靜一下。

**釐清個人感受：**在正式提出抱怨之前，了解自己目前的情緒狀態：夠不夠冷靜？是否經過深思熟慮？身體肌肉是否依然緊繃、充滿了怒氣？憤怒和情緒失控是還沒準備好提出抱怨的主要警訊，不要草率行事，多加思考一下。一般來說，帶著激動負面情緒去找團隊成員（如上級主管）是有風險的。

**對個人抱怨進行實際評估：**還記得你的私人顧問團，那張坐滿了同儕、同事和朋友的圓桌嗎？以此為出發點，提出你的抱怨並徵求意見：你認為這是值得提出的問題嗎？如果是的話，我該這麼處理嗎？你會怎麼處理呢？

**做好被人針對的心理準備：**雖然有可能不會發生，但你應該要有心理準備被人認為是「舉報問題的人」，即使這問題影響到每個人，大家都在私下談論。一旦你提出抱怨，要知道你可能即將面臨後果。

**提出解決方案：**要將抱怨轉化成有建設性的事，最好的辦法就是提出解決方案，這是一項很棒的技能，能使抱怨更容易被人接受。提供解決方案代表你非常關切這個問題。我們必須了解一點，即使你沒有解決方案，還是可以提出問題。事實上，期望員工解決問題，有相當大且合理的困難，主要是因為這可能會令人生畏，助長一種恐懼文化[4]。

## ③ 分享個人的失敗、展現人性化的一面

### 具體的技巧是什麼？

分享失敗經驗，展現人性化的一面。

艾黛拉

在醫院中，各部門通常每週會舉行一次「M&M」（morbidity

and mortality，即發病率和死亡率）的討論會，這是個醫療法律上受保護的會議，由一組醫生獨立審查患者病例，進行討論以找出錯誤的根本原因，討論的重點在於系統問題和患者安全；然而，對於參與案例的醫生來說，這些討論往往感覺針對個人。在我職業生涯初期，我有個病例被選為 M&M 討論的對象。該患者由於吸食娛樂性藥物（如古柯鹼、酒精）造成情緒不穩定，還威脅要對醫護人員施暴。我試著冷靜地與他溝通、好言相勸想要化解衝突，但並未發揮作用。他打了保全人員之後，我決定透過注射藥物讓患者鎮靜下來，這種介入通常能夠放鬆患者，靠睡眠和時間來代謝娛樂性藥物，情緒不穩定的行為通常得以平復。M&M 醫師小組在滿座的教室裡審查我的患者案例，並徵求眾人的意見，最後結論是我對病患處理不當，應該給予更少的鎮靜劑。哎呀，這讓我感到尷尬至極，自信心也受到了打擊。但如今，我很高興經歷過這件事，因為我知道 M&M 會發生在每個人身上，這是工作中最令人謙卑的一部分，就是承認錯誤，是，我是醫生，但我也是個平凡人，難免會犯錯。

## 我們為何需要掌握這項技巧？

每個人都會經歷失敗，無論從事什麼職業，都有可能犯錯。在醫學界，錯誤可能造成患者死亡或永久受傷。如今我們看到醫學領域對於失敗和隨之而來的羞愧更加公開地進行討論[5]。我們相信分享錯誤會使你更有可信度、更能引起共鳴，也更有親和力。然而，大多數職場的主流文化都是展示和討論成功，而不太願意公開或探討失敗。

## 這項技巧為何難以達成？

- 討論失敗會讓你感到很尷尬、不自在又脆弱。

- 你擔心暴露自己的缺點或失敗，可能會被人利用，對你造成不利影響。
- 如果領導者或團隊沒有以身作則，你也會很難面對失敗。

### 培養這項原子技巧的關鍵行動是什麼？

**決定願意分享的內容：**根據自己的意願調整內容，這是你的選擇，你有主導權。你或許不介意分享自己的提案或新構想遭到拒絕，或收到客戶負面評價的事，但可能會不太想讓人知道你和家庭伴侶之間的問題影響到你的工作情緒。

**找人傾訴心聲：**先試驗一下，從小處著手，練習分享一些小事情。你可以找最親近的同事（讓你覺得自在的人）傾訴。或是找個能理解你心情的人分享，也許是正在經歷個人失敗挫折的學習對象。如果你因犯錯或遭受拒絕，想要尋求指引或情感上的療癒，不妨先找朋友或信任的人談談，然後再考慮是否要與外人分享。

**從失敗中汲取教訓：**把你個人的經驗變成寶貴的一課，別人會感謝你的坦率分享：你從中學到了什麼、又是如何自我提升？例如：「我申請的升遷沒有獲得批准，我要求回饋意見，了解到要求升遷之前你需要做的三件事情……」

## ④ 明白說謊的負面影響

### 具體的技巧是什麼？

誠實面對自己和工作。

瑞莎

當有病患因直腸出血來到急診室時，我一定會檢查該部位，以確定出血嚴重程度。問題是，急診室總是人滿為患、一片混亂，而且沒有太多隱私空間進行身體檢查。我們常教導住院醫生要誠實，如果他們忘記檢查身體某部位或提出問題，可以隨時回頭找病人重做。然而，基於某些原因（羞愧、自尊心等因素），以下是我碰過他們撒謊的情況之一。

我：直腸檢查顯示了什麼？

住院醫師：一切正常。

我（對病人）：住院醫師做了直腸檢查，沒有發現內出血。

病人：沒有人給我做直腸檢查啊！

我：他們告訴我已經做了直腸檢查。

病人：我告訴妳，如果有醫生用手指檢查我的肛門，我一定會記得的。

接下來，我找住院醫生進行了困難而重要的溝通，討論誠實、專業素養和安全的病患護理等主題。

## 我們為何需要掌握這項技巧？

簡單的謊言容易被原諒和遺忘，比如說，你其實還沒離開家門卻說「我快到了」，或是你完全聽不懂對方在講什麼，卻回應「噢，是的，你說得有道理」。但是，重大謊言的影響可能持續數十年，例如，如果你在履歷上列出了 MBA 學歷，而實際上根本沒拿到這個學位，要修復這謊言造成的後果就很困難。我們可能會蓄意撒謊、遺漏事實或誇大其詞，無論是哪種說謊方式，都可能造成嚴重後果，包括失業和無法挽回的聲譽損失。

從個人層面來看，當有人對一個重大事件說謊時，就會失去別人的信任，有時候會造成關係無法修復。

## 這項技巧為何難以達成？

- 你對自己的技能缺乏信心，因此不敢誠實以對。
- 你總是想要取悅他人，渴望給人留下好印象。
- 你擔心會失去工作或得到負面評價。
- 你認為自己只不過是稍微地「變通」事實。



## 培養這項原子技巧的關鍵行動是什麼？

**準備標準的道歉說法：**針對你可能會想說謊的情況，準備一套標準的說法會有所幫助。深呼吸，然後說：「對不起，我沒能完成那項任務」；「很遺憾，我沒能完成那項任務，我很抱歉」；「老實說我感到非常自責，這個錯誤是我造成的」；「這令人難以啟齒，但我之前說的並不是事實」。

**解釋情況：**在道歉之後，不妨提供一個簡短的解釋，不必贅述細節，例如：「我因為趕截止期限的壓力而選擇在工作中走捷徑」；「我不想讓你感到失望，所以在壓力驅使下我……」；「我因為私人事務而分心了」。

**衡量風險：**說謊會帶來什麼風險？人員、帳戶、產品會受到損害，你的聲譽也可能會受到影響，你可能會失去客戶或得到客戶的負評。在急診室，可能會造成病人死亡。當然，並不是所有的謊言都具破壞性；艾黛拉告訴她孩子有聖誕老公公，每年聖誕節都會帶來禮物，這個謊言讓她的孩子得到了很多快樂。然而在職場上，說謊很少有好事。

**考慮接受心理輔導：**如果你感覺自己習慣性說謊，或想給人留下好印象，擔心自己很難誠實以對，不妨考慮尋求心理治療。我們希望你重視自己的心理健康。如果願意的話，首先與你信任的人（朋友或親人）談談你的強迫行為。如果這麼做還是沒效果，請考慮尋求專業支持。

# ⑤ 了解他人對你的投入的印象和評價

## 具體的技巧是什麼？

審慎評估自己目前的投入程度，並決定是否需要改變。

艾黛拉

我大學畢業後的第一份工作是在一家雜貨店補貨，我會去結帳櫃台取商品，然後將之放上指定的貨架，每次值班都得重複這個動作大約兩百萬次。在我完成分子細胞生物學專業，申請醫學院之後，我對這份工作並沒有太大熱情，店經理說：「艾黛拉，如果妳顯得投入一點的話，我可以升妳去做收銀員」，這句話讓我開始反思一切，包括我的肢體語言、臉部表情、健談程度和舉止態度，即使我覺得自己都有按照要求完成任務，卻忽略了人在工作時會表現出一定程度的投入。隔天我去上班時，開始主動跟同事打招呼，真誠友好地與每個人交流，我每次上班都這樣做，很快就被提升到收銀員的工作。這是個非常好的教訓，工作參與度不只是機械化地完成任務，還包括我與人的互動和整個工作文化的表現。

## 我們為何需要掌握這項技巧？

成功的人不僅能處理令人振奮的工作，也能應對沉悶乏味的工作。我們知道，無論是乏味的、具挑戰性的或無意義的工作，都有可能令人難以投入，因此，很容易陷入心不在焉、漠視和疏離的狀態。然而，別人會注意到你是不是不夠投入。怎麼發現的呢？有人會注意到你在視訊會議上總是靜音、從不進辦公室、坐在角落滑手機、從不回覆郵件、在線上聊天中從不舉手發言或提問、被問到週末過得怎麼樣時只會簡短地回答。如果有人告訴你，說你似乎不太投入或心不在焉，你必須問問自己，我是否在乎別人注意到我對工作不夠投入呢？

## 這項技巧為何難以達成？

- 你感到精疲力竭，身心都疲憊不堪。
- 你覺得自己在這裡沒有歸屬感，不被尊重、不受歡迎，或不受賞識。
- 工作只是為了賺錢維持生計，不是你的熱情所在。
- 你的個性不適合一般公認的互動原則。
- 你不喜歡微笑或眼神接觸。

## 培養這項原子技巧的關鍵行動是什麼？

**判斷是否受到倦怠或憂鬱的影響：**要釐清倦怠或憂鬱可能並不容易，不妨找一位心理健康專家尋求幫助。倦怠是因工作過度勞累或環境壓力過大而引發的身心或情感反應。如果你認為是職業倦怠，不妨休息和遠離工作一段時間（例如帶薪休假或學術休假），這樣會有所幫助。如果是憂鬱，表現出持續的悲傷和對一切失去興趣，那麼可能需要尋求專業協助或藥物治療。首先，向你信任的人傾訴你的感受和症狀，問他們是否認為你需要額外的幫助、是否需要告知人力資源和主管、對你是否有任何具體建議。

**消除干擾因素：**注意你使用手機的情況，在一對一會議時不要查看電子郵件，要全神貫注於當下。我們沒有要求你整天都將手機放置一旁，對多數人來說這是不可能的。但絕大多數的人都不是受雇來在工作時間瀏覽個人社交媒體，因此需要注意在工作時間內使用手機的頻率。

**尋求回饋意見：**向團隊（包括主管）請教你的表現如何，要求具體的回饋，以便了解他們對你的觀感，同時請求提供改善個人行為的具體建議。

**表達興趣：**隨時與團隊成員更新近況，問大家目前在忙什麼、有沒有什麼可以幫忙的地方。最好要表現出你的學習興趣，而不是默默地坐著，不讓人知道你渴望追求進步和有所貢獻。

**選擇社交應對方式：**事先聲明，如果社交聚會或活動讓你感到焦慮，我們並不想強迫你參加，但想要鼓勵你找到舒服自在的方式來表達你對團隊的興趣，比方說眼神接觸、微笑、揮手打招呼、點頭、開始閒聊等。

**報告進展和成果：**你可以透過向人報告你已經執行的任務來展現參與度。最好的做法就是向你的團隊（例如主管）回報你已經完成了哪些任務，隨時寄送近況更新讓他們了解你在任務或目標上取得的進展，可能只是簡單告知已經和客戶開過會，或已寄出承諾的電子郵件等。

## ⑥ 培養個人在團隊裡的口碑／聲譽

### 具體的技巧是什麼？

維護在日常工作中的人際關係和聲譽。

艾黛拉

我曾在一家公司工作，執行長是一位連續創業家，曾透過重大收購創立其他公司，在業界他被視為開拓者，眾人信任他的意見，他經常在國際場合分享他領導企業的理念。在研討會上，我常聽到這一類的評價：「那個人是個天才！」此外，他還因為達成利潤豐厚的交易和招聘頂尖人才而廣受尊敬。然而，在公司內部日常業務中，他被認為是缺乏組織能力、對公司內部情況並不了解的人。員工害怕他對客戶負評的反應，「這位客戶討厭這個產品，別讓他知道，否則他會因為一個我們沒有製造的產品而責怪我們」。他的全國聲譽與他在團隊內部的聲譽並不相符。

## 我們為何需要掌握這項技巧？

在職場上，你的聲譽是從團隊裡開始的，你在擴展個人影響力和聲譽，尤其是透過社群媒體時，務必要先關注自己工作的地方，投注心力成為一位好員工，努力貢獻於組織的使命和優先事項，並履行個人職責。團隊裡的人脈關係也很重要，如果你忽視手邊的職責，一心追求更廣泛的知名度或者其他職位，可能會傷害到團隊其他成員，會有人閒言閒語，壞名聲就會傳開[6]。

## 這項技巧為何難以達成？

- 人通常很容易將手邊的工作和團隊視為理所當然，而不加以重視。
- 你希望個人工作成果得到更廣泛的關注和讚賞。

## 培養這項原子技巧的關鍵行動是什麼？

**堅守日常工作職責：**確保自己沒有忽視日常工作和團隊，尊重截止日期，如果你因為新增和越來越重的責任而感到壓力過大，不妨與自己的團隊討論調整事宜。

**培養人際關係：**抽出時間與團隊成員交流，了解他們的近況，詢問有什麼可以幫忙的地方，主動提供支持，尤其是那些比你資淺的成員，這對職場文化有積極的影響。

**透過分享來傳授經驗：**以一種讓他人能向你學習的方式分享你的成就，不藏私成功的策略。我們特別注意到，弱勢和少數族群或許沒有管道參與如何爭取機會的討論[7]。因此，與其說：「噢，是的，我在巴黎演講，很有趣的經驗」，不如說：「我以前並不知道怎樣才能獲得國際演講機會，直到有人告訴我大多數會議網站上都有『招募演講者』的資訊。你看到我轉發的網站上有公開招募時，就申請吧。」

# ⑦ 注意避免八卦

## 具體的技巧是什麼？

了解職場八卦的作用、風險和後果。

瑞莎

人在工作時總是會八卦，即使討論內容是保密的、對方也向你口頭保證不會轉述。有一次，我告訴上級主管我正在其他醫院面試新職位，向他尋求支持，他正視著我說道：「除非經過妳的同意，否則我不會把這事告訴任何人」，我還很天真地相信了他。不久之後，我在一個會議上，突然有同事說：「哦，得了吧，瑞莎，大家都知道的」。我感到心一沉，非常震驚，有被人玩弄的感覺，對這位主管完全失去了信任。回想起來，這次的經驗讓我學到了寶貴的教訓，我在指導和培訓同事時，都會分享這個故事並建議他們，只要分享任何消息，就應該假設這些是公開的訊息。許多人回頭感謝我，因為他們的經歷證明這是真的，機密資訊絕對不是始終保密的。

## 我們為何需要掌握這項技巧？

在職場上談論和關切別人是人類的天性，然而，我們希望你能謹慎地處理職場八卦。八卦不僅傷害到被談論的對象，實際上也會反映出你對保密和私人資訊方面的信用。你在和人閒聊八卦時，別人也會懷疑：他們在我背後是怎麼議論我的呢？或是我懷疑他們是不是也會輕易洩漏我的隱私。因此，當你面對這種情況時，不妨自問一下：分享這些資訊對我或被八卦的對象有什麼好處？如果沒有任何好處，就算了吧。

## 這項技巧為何難以達成？

- 別人在你眼前談論八卦時，你不知道該如何制止。
- 你不喜歡八卦中的主角，聽到他們的私事被傳播，似乎帶給你滿足或認同感。
- 你認為八卦似乎無傷大雅，而且自己可以從中得到社交利益。
- 雖然知道不應該透露詳情，但你覺得被迫分享訊息。



## 培養這項原子技巧的關鍵行動是什麼？

**談論理念：**保持高水準的對話，我們認同這句名言：「有智慧的人談論理念；普通人談論事件；心胸狹窄的人談論別人」。我們討論的是聲譽問題，不希望別人一想到你這個人就立刻聯想到八卦。

**將八卦帶到別處：**我們理解你想和別人分享、交流和反思工作近況的衝動，如果真有必要，不妨分享給工作之外值得信賴的人聽。

**遠離現場：**如果你對談話內容感到不自在，不想與八卦有所牽扯，不妨轉身離開。你可以默默走開，或說「我馬上回來」，或是直說「這似乎不是我們應該如此公開討論的私人事務」。

**謹慎地分享：**如上所述，我們理解分享消息的衝動，對於你被當面告知或親眼目睹的複雜資訊，大聲說出口可能會讓人感覺很療癒。要特別注意你所談論的內容、交談的對象，以及談論的地點。請記住，和你交情不深的人可能會透露你是他們的消息來源，因此，如果必要，請找非常值得信賴的朋友和同事分享。

# ⑧ 別自我膨脹

## 具體的技巧是什麼？

注意別人對於你的自信表現的觀感。

瑞莎

醫生會有比較強大的自我意識，這種現象可能來自幾個原因：醫學領域具有垂直和階層式的領導結構，在接受培訓的過程中必須做出許多犧牲，而有些人把醫生視為神一般的存在，這種「上帝情結」是真實存在的。我在以前工作的一家醫院，經常與一位資深醫療行政主管會面，他有領導和財務方面的專業技能。雖然董事會成員和參與會議的人大都是醫生，但他自己並不是醫生。我記得他曾說過一句話，讓我謹記在心，這句話提醒我要控制自我意識，他說：「妳知道嗎，瑞莎：醫生往往自認為是全場最聰明的人（通常也確實是），但他們未能體認或欣賞許多其他同樣聰明且成就斐然的人，這些人只是選擇了與醫學不同的道路」。

## 我們為何需要掌握這項技巧？

你應該追求能力和適度的自信，在這方面，了解別人對你自信程度的觀感是很重要的。就聲譽而言，過度自信往往會給我們帶來麻煩。科學家大衛・鄧寧（David Dunning）和賈斯汀・克魯格（Justin Kruger）提醒我們要注意鄧寧—克魯格效應：低表現者常對自己的能力過於自信，而高表現者則常對自己的能力過於謙虛[8]。這是什麼意思呢？有些人所知甚少，卻不明白自己的無知程度，這種現象可能在性別上有所體現。湯瑪斯・查莫洛—普雷謬齊克（Tomas Chamurro-Premuzic）在《為什麼我們總是選到不適任的男性當領導人？》（*Why Do So Many Incompetent Men Become Leaders and How to Fix It*）中指出，在許多行業裡，大多數領導者都是男性，然而，女性領導者在能力上表現優於男性。許多職場提拔過度自信和自戀的人，誤以為這些是優秀領導力的象徵[9]。

## 這項技巧為何難以達成？

- 如果你並不了解自己和自身能力，就無法察覺到自己的過度自信。
- 由於缺乏安全感或自信心，你會自我吹噓。
- 你不知道別人對你的觀感如何。

## 培養這項原子技巧的關鍵行動是什麼？

**傾聽：**不要低估傾聽的重要性，事實上，傾聽可能比說話更有價值。我們當然不希望你一直保持沉默，而是應該要適時發言、有所貢獻，但要強調的是，不要過早地吹噓你的知識，藉由你所呈現的品質來展示你的能力和勤奮工作：讓所做的簡報、起草的政策、促成的銷售或完成的交易來證明一切。

**保持謙遜的態度：**你在學習、建立自己的專業知識時，保持謙遜的態度是很重要的。問問自己，我是否讓別人感到自卑或低人一等？我是真的很有自信，還是其實是因為缺乏安全感而過度補償？我可能沒有考慮到什麼？或是我有哪些不足之處？我該怎樣才能做得更好呢？

**同樣重視瑣碎任務：**有些工作可能看似瑣碎，但還是需要處理，對於這些任務，試著以執行為榮，例如，在急診室，病人覺得很冷時，我們很樂意提供毛毯，有需求時，也樂意協助清理便盆。千萬不要有「我不屑這類工作」的心態，這種態度可能被視為傲慢，也可能會傷害到你的工作、團隊和個人聲譽。

**將自信視為一種優勢：**不同的人在職場上所表現的自信和能力，會受到不同的評價，例如，對於女性和有色人種，展現自信並不一定會受到普遍的認可；而男性即使缺乏實力，卻始終都能展現自信[10]。女性和有色人種面臨更大的挑戰，因為缺乏自信通常被認為是升遷的障礙[11]。

**請求回饋意見：**你可能完全沒有意識到自己給人過於自信的印象，老實說，等你發現這一點時，可能會感到很震驚。在下次例行會議上，不妨事先請問團隊：在即將召開的會議上，可否討論一下我的自信和能力是否相符？與我的工作表現有關聯嗎？

## ⑨ 聲譽受損時採取彌補行動

### 具體的技巧是什麼？

如果你有不良聲譽，不妨積極努力改正。

瑞莎

幾年前，我有一位同事老是想盡辦法早點下班，讓人覺得他對於擔任急診醫生的態度不夠認真，他在工作時老愛談論派對和約會生活，雖然我們認為在工作之外有自己的生活很重要，但將一切私生活與同事分享時要謹慎，畢竟不是朋友。當他成為資深住院醫師時，情況有所改變，他的態度變得比較嚴肅，成了一名更專注的醫生，他會為團隊成員提供幫助，也經常在值班後留下來完成工作，我絕對願意讓他照顧我或任何家人。然而，他在整個培訓時期都背負著那個負面聲譽的陰影，我對他難以擺脫這種形象感到驚訝。

## 我們為何需要掌握這項技巧？

好名聲是慢慢累積起來的，而壞名聲卻是瞬間形成。即使負面評價並不準確也不公平，還是可以輕而易舉地形成。一個名聲不佳的人必須思考如何應對，以及如何採取行動。壞名聲可能是由於惡劣態度或不當行為所造成的[12]。如果你發現自己處於這種情況，不妨採取積極的行動來扭轉負面形象。

## 這項技巧為何難以達成？

- 你不了解自己的名聲如何。
- 要糾正自己並改變行為需要付出努力、關注和精力。
- 不當的言行覆水難收，你的道歉和改正行為可能於事無補。
- 從來沒有人教過你如何採取補救措施。

## 培養這項原子技巧的關鍵行動是什麼？

**調查個人名聲：**向值得信賴的團隊成員、主管，甚至是職場外的朋友徵詢你個人的專業名聲。提前發送訊息詢問：我想知道你是否有空能跟我見個面，談談別人對我的觀感如何？這樣會讓他們有時間整理思緒，也許還可以聽聽其他人的意見。你可能已經知道答案，只是需要有人向你明確指出。

**以行動證明有所改變：**光是口頭上說要改變是不夠的，你需要以實際行動證明，而且要有決心展現長期的改變，而不是一次的努力。別人會識破表面行為，他們需要看到真實而持久的行動，沒有回頭路。

**尋求幫助：**有些問題你可以自行解決，而有些則需要外界的幫助。如果你覺得有損你聲譽的問題一再出現或難以改變，可能需要尋求心理治療師、教練或相關教育資料等。不管你需要什麼，都應該要主動地尋求幫助、評估或技能。

**耐心等待：**洗刷負面聲譽需要時間，給自己一些寬容，讓時間來慢慢化解局面，同時展現你改善過的行為。

## ⑩ 誠懇道歉，解釋自身錯誤

### 具體的技巧是什麼？

要知道何時該道歉，並且真心誠意地道歉。

艾黛拉

身為導師，我一向支持學生和住院醫師的職涯發展。在我真正開始寫作之前幾年，一位年輕的大學生請我閱讀他寫的一篇文章，這篇文章充滿私人的真摯情感，但我也發現有許多地方可以寫得更清楚、更簡潔一點，於是我立刻開始指出寫作上可以改進之處，我心想這樣的回饋意見會使他的文章更完美，我花了一個小時做編輯和修改，以為我是在幫忙。事實上，我並沒有評論個人寫作的經驗，我未經過濾的意見被認為過於嚴厲和直接。我透過另一位同行得知，我的「評論有點太過吹毛求疵，也許讓對方覺得自己寫得很不好」。我感覺非常糟糕，立刻聯繫對方並道歉。我適度地解釋了我的思維過程，同時分享了我自我反省的錯誤，並告知我計畫成長之處，我最後說打算進一步學習如何提供回饋意見的相關知識。

### 我們為何需要掌握這項技巧？

道歉凸顯了一個人願不願意承擔錯誤。先聲明一下，我們不建議你把標準設得太低，以至於每天都在不斷道歉，有些職場女性習慣於過度道歉[13]，然而，我們確實希望你學會如何真誠地道歉，承認自己犯了錯誤。我們需要在自我意識和願意道歉之間取得平衡，事實證明，拒絕道歉可能會提升自尊心，堅持誠信原則，並產生掌控感[14]；然而，道歉使我們顯得更人性化、表達出同理心和理解，並承認自己的錯誤[15]。

## 這項技巧為何難以達成？

- 你的自我意識阻礙了你承認自己的錯誤言行。
- 內疚和羞愧是真實存在的感受，可能會驅使你保持沉默或推卸責任。
- 你的工作環境沒有樹立道歉的榜樣，而是隱藏和淡化錯誤。

## 培養這項原子技巧的關鍵行動是什麼？

**仔細傾聽、切莫輕忽：**如果有人指出你的錯誤，請認真看待，你或許並不認同，發現自己其實並沒有犯錯，但在一開始，不妨保持開放、包容的態度，先評估情況，不要等閒視之。你或許可以根據錯誤的嚴重程度，在道歉之前先找你信任的人商量一下。

**評估自己的感受：**探索一下內心深處，你對這個錯誤有何感想？你認為這是怎麼發生的？下次你會採取什麼不同的做法？給自己一點時間找到答案，找一位友善、富同理心、且值得信賴的人討論一下這個問題。

**選擇適當的道歉方式：**你選擇的方式應該與錯誤的嚴重程度相稱。如果忘記回覆一封郵件，而且沒有造成實質的損害，一封簡單的道歉信就足夠了。如果你犯了一個會讓公司損失數萬美元的帳務錯誤，不妨考慮面對面或線上會議。當面道歉能夠讓別人聽到你真誠的聲音、解讀你的肢體語言，也能夠即時回應。

**及時道歉：**最好的道歉是在事件剛發生的時候，也就是在幾小時或一、兩天之內，而不是好幾個月或幾年之後。話雖如此，任何遲來的、經過深思熟慮的誠懇道歉，總比迅速而膚淺的道歉或是完全不道歉要好得多。

**設計一個簡單的框架：**我們喜歡事先預演困難的對話，這有助於緩和情緒。透過練習，你會覺得更自在，更能清楚地表達自己的意思。以下提供一些處理道歉的方式：

| 目標 | 主要任務 | |
|---|---|---|
| 表達自我反省和懊悔 | 嘗試：「對不起，我遲到了，我需要好好學習準時。」<br>避免：「每個人都會遲到，這沒什麼大不了的。」<br>避免：「很抱歉遲到了，我跑去拿你要的文件夾，因而造成延誤。」 | ← 避免辯解或合理化不專業的行為；解釋情況時別試圖否認或淡化他人的感受。 |
| 表達同理心 | 嘗試：「很抱歉我開的玩笑傷害到了你的感情。」<br>避免：「開個玩笑而已，別太認真。」 | ← 道歉、承認錯誤、承擔責任，並展現同理心。 |
| 詳述所學到的教訓 | 嘗試：「以後我會避免倉率回郵件，我會更謹慎一點，等到情緒穩定後再做回應。」<br>避免：「哦，別理會我的回應，你知道我沒那個意思。」 | ← 分享你學到的教訓以及未來會採取哪些不同的行動，包括可能的預防措施，以避免再次發生。 |
| 不要轉移焦點 | 嘗試：「很抱歉讓你和團隊感到失望，我明白這件事為何反應不好。」<br>避免：「整個意外讓我感覺很糟糕，一直都無法入睡，這個時間表幾乎是不可能達成的。」 | ← 道歉的目的是尊重對方的感受。承認自己的錯誤，但不要把焦點集中在自己身上以逃避責任。 |
| 虛心接受回饋意見和檢討 | 嘗試：「我很高興聽到你的想法。」<br>避免：「事實上，情況並不完全如此，我覺得你想太多了。」 | ← 尊重同事的發言，不要打岔、淡化或蔑視他們的感受。 |

在面對困難對話之前，有必要事先排練，這樣有助於控制情緒。

## 培養和守護名聲的原子技巧總結

- 你所說和所寫的內容、你的言行舉止和互動方式，都會影響到個人聲譽。
- 做真實的自己，同時也要懂得承擔錯誤。
- 維護自身的人際關係。幫助別人，也要感謝別人對你的幫助。

第5章

# 成爲專業領域專家的原子技巧

艾黛拉

在二〇二一年，我辭去了擔任醫生導師和顧問兩個不同的職位，這個轉變為我的專業行事曆騰出了更多時間，我決定要寫書，這一直是我個人多年來的夢想。因此，我花了很多時間學習寫作技巧，閱讀各類型的書籍，包括兒童讀物和浪漫小說等。我大量閱讀、觀看、聆聽專家討論書籍寫作的過程。我花了幾個星期、甚至幾個月的時間，閱讀有關寫作的部落格和著作，也加入線上和面對面的寫作社群。當我確信寫書一事似乎可行的時候，我向瑞莎提出合著的構想，幸好她答應了，我們一起學到了更多。經過幾個星期的討論和撰寫書籍提案後，我們感到有自信和具備足夠的知識去尋找文學經紀人及出版商共同合作。

專業知識通常來自正式取得的學位或證書，例如大學或博士學位課程，也是透過閱讀書籍、獲得工作經驗，和與專家合作而累積起來的。對於某些工作，有系統的教育是必要的：要成為神經外科醫生，你確實得上醫學院接受專業培訓；要成為航空公司的飛行員，你需要完成培訓、累積飛行時數並取得資格認證。

幸運的是，對所有人來說，網路改變了取得專業知識的遊戲規則。憑著網路的無遠弗屆，許多內容、軟體和人力資源都可以輕易獲得，這造成了兩個關鍵變化，使人能夠更快速、更輕鬆地建立自己的專業知識。首先，你可以更快地學習。隨時隨地都可以用雙倍速度觀看影片和收聽廣播，也不需要出門就可以參加講座，與世界各地的導師合作，利用人工智慧撰寫論文，居家取得學位，或透過電子郵件和視訊通話進行合作。如果你欠缺某種天賦或技能，可以找到應用程式，甚至外包給別人來完成任務。其次，你可以接觸到廣大的群眾。社群媒體、電子報、廣播節目、網站和部落格等，都強化了傳播資訊和分享內容的過程，只需點擊幾個按鈕即可。有了廣泛的接觸對象，你可以更快地創造巨大的影響力。

需要注意的是，擁有學位、高知名度的職位或頭銜並不代表一定具備專業知識。事實上，有些名聲響亮、擁有廣大平台的人，因為分享錯誤資訊而備受爭議。因此值得強調的是，有眾多追隨者或平台並不代表某人就是個可靠、有道德或受眾人認可的專家。專業知識不僅僅是抱持強烈的觀點，而是具備理性且準確的知識。

我們也不認同任何人都可以被視為專家的這種觀念。事實上，特定的族群（尤其是年長的白人男性）更容易被認可為具備專業知識。在一項醫療患者調查中，有三二％的患者誤認為主治的女醫生是護理師，而有七五％的男性被正確地認定為醫生[1]。這並不是說護理師沒有高度的技能和訓練，她們其實是具備專業知識的專業人員，但即使是受過廣泛的培訓，也取得認證資格，還是存在著女性不被視為醫師的偏見。雖然我們無法改變你可能面臨的偏見，但可以提供技能來幫助你前進。我們將在本章介紹十項原子技巧，以幫助你發展專業知識。

## 成為專業領域專家的 10 種原子技巧

① 思考個人想要發展的專長

② 運用不同的媒介資源來學習特定主題

③ 與你的社交圈交換想法和意見

④ 設定明確具體的目標並努力實現

⑤ 與他人合作，提升個人技能並建立名聲

⑥ 盡可能多加練習新技能

⑦ 積極參與社群媒體

⑧ 評估與專業領域相關的領導職位

⑨ 申請個人專業領域的獎項和榮譽

⑩ 學習成長和提升個人專業知識



## ① 思考個人想要發展的專長

### 具體的技巧是什麼？

隨心所欲列出自己所有的想法，不用擔心受到批判或要求承諾。

瑞莎

某些職業中女性的地位較低。對於女性醫生來說，確實如此，能夠晉升主管、受邀擔任主題演講嘉賓、受邀做研討會或公開論壇專家的女性，都比較少。女性較不受矚目，她們的意見也較少受到關注。在疫情大流行期間，我有更多的時間在家工作，因此，我思考了一些創意方法來分享資訊、深入探索並傳達職場不公平的故事。我一直在考慮該如何分享資訊、數據和個人敘述，最後我決定推出一個廣播節目，經過集思廣益想將節目命名為〈可見、不可見、聲音、面貌、人物〉（Visible, Invisible. Voices, Faces, People）。我嘗試了各種單字和片語，然後開始向身邊親近的朋友、熟人和同事商量詞語組合，最後選擇了一個最能傳達節目宗旨和使命的名稱：《可見之聲》，旨在放大各界人士的聲音（無論是知名人士還是市井小民），共同探討醫療保健、公平性和時事趨勢等話題。

## 我們為何需要掌握這項技巧？

人們通常會堅持第一個浮現的想法，而不是最佳的想法，同樣地，也常常會為了保險起見，跟隨別人為我們開創的道路。腦力激盪挑戰了眼前明顯的想法就是唯一可行之道的這種觀念，這是一種創造力的鍛鍊，推動我們擴展自己的界限，不斷嘗試，尋找還在等著被發掘的新點子。你的想法清單無論是長是短都沒關係。這個練習不是要立刻找出什麼想法是好是壞，而是要你跳出框架思考，提出自己從未考慮過的想法。真正重要的是你投入在建立清單的時間，你應該樂於接受背後的思考過程，比方說：「是的，那樣或許可行，因為……」，或是說「不，那樣行不通，因為……」。一份好的清單應該是讓人感覺自由隨性、不切實際、大膽又富有創意的。

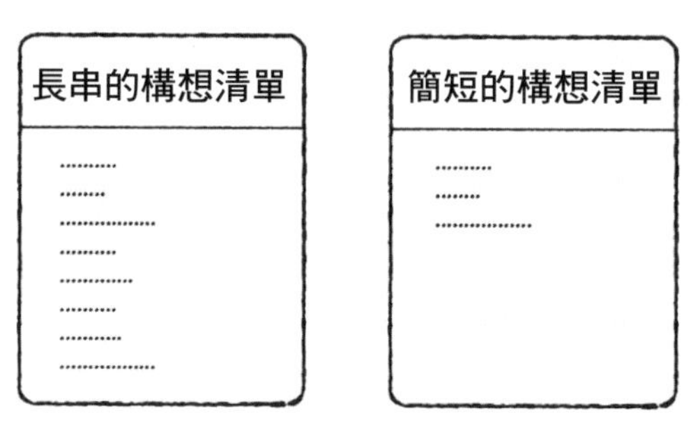


這是腦力激盪的清單　這也是腦力激盪的清單

腦力激盪是一種創造力練習。
隨心所欲列出自己所有的想法，不用擔心受到批判或要求承諾。

## 這項技巧為何難以達成？

- 你不曾有過腦力激盪的經驗。
- 你不習慣跳出框架思考。
- 你覺得不好意思向他人分享你的想法。
- 你有太多想法，讓你感到不知所措。



## 培養這項原子技巧的關鍵行動是什麼？

**建立清單：**建立一個你想發展的專業領域主題清單，這些主題應該讓你有興趣探索、且對別人有益。多找些人談談，擴展視野，相信我們，總有一些事情是你尚未考慮到的。艾黛拉五歲女兒諾瓦（Nova）常說她長大後想成為「醫生」！因為那是她所知道的一切，她沒見過建築師或律師，並不知道這兩種選擇的存在，因此都不會出現在她的清單上。

**三思而後行：**人在激動的時候，往往會衝動地做出決定，但要小心，不要倉卒行動，要做出重大承諾之前（例如在公司發布全體公告、購買網站域名、舉家遷移異地等），務必要三思。職場上的明智決策通常需要經過邏輯和理性的思考過程。

**確定想法的優先順序並縮減清單：**一旦建立了主題清單，也花了時間思考後，你需要做出一些決定。一天只有二十四小時，因此要過濾掉那些不必要或目前不適合的選項，優先執行當下最適合的選項，其餘的留待日後再做，或是可能不再考慮。檢視清單上剩下的項目，挑出你的最佳選項。透過思索下列問題來縮減清單：

1. 這個主題是否帶給我活力、興奮和喜悅？這種感覺可否持續下去？
2. 這個主題是否獨特？在這領域是不是已經有很多優秀專家？如果已經是

人才濟濟，我是否有與眾不同的見解、表達方式或意見？

3. 這個主題的對象是誰？這些對象範圍是否太狹窄？還是太廣泛又不具體呢？
4. 這個主題會產生重大的影響嗎？是否能讓我卓越成長或學到新技能呢？

**探索選定的主題：**現在該來檢驗這個想法了。多讀一些相關資料，了解目前的現況，看有什麼缺口可以填補，比方說，如果你想成為人工智慧的專家，你可能會發現這個領域變得很熱門且競爭激烈，但可以考慮將人工智慧應用在尚未探索的主題，如專業指導。此時，你應該感到充滿活力，這是令人興奮的全新方向，而且可能會帶來更多機會。最好的做法就是聽從內心的直覺，繼續進行研究。

**從小細節出發：**我們讚賞雄心壯志，但也認為在發展專業知識方面，小而穩健的步伐會更好。探索細微之處，例如，如果你想成為經理，你可以普遍地發展你的領導能力，但還不如專門發展剛畢業職場新鮮人的管理技能，這樣可能更特殊又有吸引力。讓目標具體細緻，並深入探索。

## ② 運用不同的媒介資源來學習特定主題

### 具體的技巧是什麼？

想要了解任何主題，建議參考多種資源。

艾黛拉

我決定提升自己的公開演講技巧，致力成為一名專業講師。我首先參加了史丹佛大學瑪麗安・紐沃斯（Marianne Neuwirth）開授的故事敘述課程。她教我如何講述簡短又情感豐富的故事技巧，也教我如何運用手勢來傳達想法和情感。這個課程結束後，我讀了一些有關演講的書籍，利用教育經費聘請了一位演講教練，進行一次兩小時的一對一培訓。此外，我還看了一些線上影片，雖然這不是我偏好的學習方式，但是這些關於利用各種軟體平台來設計投影片的線上教學對我很有幫助。最終，沒有單一資源足以教會我公開演講的精細技巧，而是全部一起幫助我達成了目標。



## 我們為何需要掌握這項技巧？

幾乎任何主題都有大量的資源隨時可供利用，光靠在職學習既不聰明也不高效，影片、廣播節目、書籍、智慧型手機應用程式、部落格、研討會和講座等，都可以加深我們的專業知識。即使是區域性或全國性的會議，也都是與人交流、即時向專家學習的絕佳機會。

## 這項技巧為何難以達成？

- 資訊量多到令人不知該從何下手。
- 很難辨別哪些參考資料是好的、值得信賴，又值得投入時間和金錢。
- 這種自我學習需要在工作之餘付出心血和時間。

## 培養這項原子技巧的關鍵行動是什麼？

**選定一個起點：**找一個參考資料作為起點，再逐步擴展到其他資源，可能包括線上影片、電子報、廣播節目，或是個人。你甚至可以透過關注社群媒體上的專家來學習。艾黛拉經常這樣做：她會在社群媒體上找到特定主題的專家，查看他們關注的對象，然後開始關注其中的一些人。

**制定學習材料的大綱或計畫：**不需要一次學習所有內容，也不需要太過正式，但你學習的內容順序應該要有組織和目標。我們在學習書籍寫作過程時，首先了解經紀人，然後再學習有關出版商的一切。我們不會連書籍合約都還沒簽下，就開始學習市場行銷。

**精簡學習以提高學習效率：**一個有效率的工作技巧是利用通勤或日常跑步時間學點東西，收聽廣播節目或有聲書。你也可以利用參加工作坊或網路研討會等學習機會來建立人脈，與其他專家見面請益。

# ③與你的社交圈交換想法和意見

## 具體的技巧是什麼？

將你正在醞釀的想法與社交圈中的人分享。

艾黛拉

我一直想要創辦一個基金會，專注於發展我的兩大熱情：指導和寫作。我深入研究了現有的基金會和非營利組織，發現這是一項繁重的工作。基本上，準備文書工作、尋求資金、建立網站，以及主辦各種計畫和項目等，將會消耗我所有的時間。我找了一位優秀的醫生同事法拉·達達布伊（Dr. Farah Dadabhoy）討論，我們曾有過良好的合作記錄，找他一起發展基金會的專業知識似乎是很自然的選擇。我們在自行閱讀和努力吸收許多知識後，找了非營利領域的專家來測試我們的構想，也開始向熟悉領導團隊和籌款的人士進行推廣。這些溝通幫助我們找到知識上的不足之處，也發現到之前未曾考慮過的阻礙，這些對於揭示我們的疏忽十分重要。

## 我們為何需要掌握這項技巧？

有時候，我們會等到自認為理清了一切頭緒，才願意分享自己的想法，但到那時已經太晚了，你可能在深入發展你的想法了，或是已投入太多心血而無法轉變方向。反之，我們希望你能自在地分享和討論醞釀中的想法。就算覺得現在說出來還為時過早，也要開始向他人介紹，以獲取意見。如此一來，我們能夠盡早得到外部觀點，才能更加完善最初的想法，也能驗證這些構想是否合理。即使是建設性的回饋意見，也能激發大家的興奮和興趣，表示這個想法現在已完美成形，更適合向前發展。



## 這項技巧為何難以達成？

- 你不了解趁早分享個人想法有多重要。
- 你感到脆弱、不自在，也不知道該怎麼提問。
- 你擔心別人想要先看到成品才要與你討論。
- 你擔心分享了自己的構想會被別人捷足先登。

## 培養這項原子技巧的關鍵行動是什麼？

**制定人選名單：**將之視為一份夢想名單。如果你還處於職涯的早期階段，向任何人尋求幫助可能會令你心生畏懼，但我們希望你能夠經常與選定的主管或導師見面，徵詢他們的意見。我們甚至發現，在醫學領域之外的人脈當中也能獲得寶貴的建議。一份聚焦在你所信任的相關人士名單，遠勝過可能會讓你感到害怕、困惑或分心、阻礙你向前邁進的冗長名單。即便只是一次會面也可以提供寶貴的反思。

**在完善之前先提出構想：**別打算等到想法完美成形才提出來，沒錯，有些人可能希望看到最終定稿，沒關係，告訴這些人你會盡快與之聯絡，他們不是你第一輪腦力激盪的對象。

**提出大方向問題：**你在初期與人會面時，應該提出大方向的問題，你想知道自己是否走在正確的軌道上、朝著正確的方向發展。以下是一些初步問題：

你覺得這個構想怎麼樣？

你看到了什麼危險警訊？

你覺得這有助於事業發展嗎？

為了這個機會，我應該準備些什麼？

我的專業知識在這個領域中是否得以發揮？

你認為會遇到哪些阻礙？

在眾多同行中，我能脫穎而出嗎？

**接受並堅信富足心態（abundance mindset）：**不要擔心自己的構想被別人捷足先登，想法是廉價的，真正重要的是如何落實。如果有人借用了你的想法，將之視為一種讚美，這是對你的創造力和創新表示認可。切記，同一個構想可以有一千萬種不同的發展和執行方式。

## ④ 設定明確具體的目標並努力實現

### 具體的技巧是什麼？

建立一套系統來追蹤自己的專業知識進展。

艾黛拉

我們在住院醫師培訓期間，必須精通一定數量的技能。身為急診醫學醫師，我們的工作範圍非常廣泛，包括處理各種緊急症狀、接生嬰兒、處理肩膀脫臼、管理嚴重的呼吸窘迫、排膿等（不知道什麼是膿腫嗎？上網查詢「戰痘醫師」〔Dr. PimplePopper〕）。然而，指導團隊並沒有光說「全部都學起來」，就讓我去自行摸索，這樣會讓原本就很辛苦的住院醫師培訓變得更加混亂，相反地，他們每年都會檢查我的進展，幫助我設定目標。「好，明年我希望妳執行更多的腰椎穿刺」，這個要求就像是一個警示，提醒我要在臨床工作中找機會練習這些操作。如果沒有這些檢查點，很容易就會漫無目標地度過四年的培訓期，等到快要畢業時才被告知，「妳怎麼還沒接生到十個嬰兒呢？」



## 我們為何需要掌握這項技巧？

我們都需要看到事情有在進展，也要有方法來追蹤目標的進度。追蹤進度可以激發興奮和確認感；同時也讓我們能夠重新調整精力的分配方式。主要目標是督促自己回答：我有進步嗎？我有看到成功和進步的指標嗎？採用一個架構或目錄系統有助於規畫和建立運作結構。請記住，當你請求幫助時，如果有人公開而粗魯地對待你，請不要認為這是針對你個人，而是「那個人的問題」，不妨放下一切，也慶幸自己及早發現對方的真面目而未深陷其中。

## 這項技巧為何難以達成？

- 很難定量地衡量進展狀況。
- 如果你陷入停滯狀態，又不確定該如何向前邁進，會覺得很沮喪。
- 拿自己與他人相比會讓你失去信心，可能見樹不見林。

## 培養這項原子技巧的關鍵行動是什麼？

**建立客觀的衡量指標：**首先，確定發展專業知識的關鍵目標。假設你想成為全國會議的特邀演講者，制定一些具體的小步驟來實現這個目標：1. 閱讀一兩本有關公開演講的書籍；2. 觀看三場知名演講的 YouTube 影片；3. 找幾位同儕教練或付費的專業教練來提升你的演講技巧；4. 提名自己或請別人提名你參加公開演講機會；5. 向你的人脈社交圈廣發電子郵件或打電話，尋求演講機會。

**嘗試運用框架：**不妨試試「目標與關鍵結果」（OKR, Objective and Key Results）框架，要求你確定自己的主要目標，並執行可測量的定量結果以幫助你實現目標[2]。例如，我想成為店長（目標）；我計畫將顧客滿意度調查提高一五％（結果），增加一〇％的收入（結果），我在今年要和區域經理見面兩次（結果）。

**追蹤你的進度：**你可以利用免費的電子試算表或付費的會員服務來追蹤你的任務。如果你想非正式和隨意一點，可以使用便利貼或筆記本。無論用什麼形式，都要確保可讀性和容易存取，否則你就不會想要用。如果願意的話，可以用顏色標記、加底線、粗體字等。你或許可以為各種不同目標設置多個標籤或行列。正如你所看到的，排版風格並不重要，只要保持內容清晰且易於存取。右頁表是我們追蹤寫作計畫的範例。

**徵求回饋意見：**回饋意見有助於提升你的技能，有些人會自願提供意見，但大多數時候你需要主動尋求。想要成為國家級演講者的話，不妨請教別人：「我的演講怎麼樣？我試著增加故事元素，有哪一點是有效果的？你認為有什麼可以改進的地方？」這些回饋意見都是非量化指標，可以影響他人對你進步的觀感或詮釋。

**尋求幫助：**你可能無法獨自完成所有目標，在過程中向他人尋求幫助是很正常的事。向你的人脈社交圈請益：「我真的希望能夠成為這個主題的優秀演講者，如果你看到任何合適的機會，可以考慮推薦給我嗎？」

**評估你的進度：**我們要強調一點，這不是競爭，也不是比賽，但你可以透過觀察別人的進步而獲得見識，並請教他們的發展狀況。例如，想像一位年齡相仿的同事，似乎在建立專業知識方面比你更進一步，不妨以溫和尊重

職場文章寫作進度追蹤表

| 發表媒體 | 主題 | 狀態 |
| --- | --- | --- |
| 《哈佛商業評論》 | 高效率的指導（Fuel-Efficient Mentoring） | 已投稿；等待編輯回覆 |
| 《快公司》 | 有害的職場氛圍（Toxicity in the Workplace） | 無回應；轉投其他媒體平台 |
| 《全國廣播公司商業頻道》 | 值班期間的健康飲食（Healthy Eating on Shift） | 已接受，等待刊登 |
| 《自然》 | 早晨會議（Early-Morning Meetings） | 已刊登 |
| 待決定 | 工作與生活的平衡（Work-Life Balance） | 進行中；正在撰寫初稿 |

利用免費的電子試算表或付費會員服務來追蹤工作進度。



的語氣請教他們是如何獲得專業知識和機會，試著獲得具體資訊。聽到我只是努力工作這種回答並不是很有幫助，你要深入探討他們有哪些操作、打了電話給誰、發送了哪些電子郵件。

# ⑤與他人合作，提升個人技能並建立名聲

## 具體的技巧是什麼？

透過合作提升個人的學習、教學和名聲。

瑞莎

在我的第一份急診醫學工作——管理臨床超音波部門時，我注

意到安排每月的教育者系列活動所產生的影響。一開始這是藉機邀請朋友來紐約拜訪我的有趣方式，是個雙贏的局面：我可以擴大他們的專業知識，他們可以認識我的團隊，擴展自己的人脈，還可以將這次活動加到履歷表上。同時，住院醫師和資歷尚淺的學生獲得了小組形式的教育，還有和全國知名的專業專家交流的機會。事實上，這個系列活動的意義遠不止於此，發展出我未曾預料到的合作機會，包括研究計畫、群組論文和出版物、區域性研討會，以及雙向的演講邀請等。在不知不覺中，這些合作機會以我意想不到的方式幫助我提升了專業知識。從那時起，我在自己所有的工作單位都會延續每月系列活動的概念。

## 我們為何需要掌握這項技巧？

與他人合作可以開拓新的視野，使不成熟的技能得以大大提升。合作有助於建立你的聲譽，讓你在所屬公司和更廣泛的行業內擴展你的人脈關係。在虛擬平台和社群媒體的幫助下，合作還能建立起國內外的人際網。透過合作，既有的和新建立的聯繫人都能夠見證你成為專家的過程。

## 這項技巧為何難以達成？

- 你的人脈有限，而且你不太願意向人提出合作。
- 很難接觸他人，並非每個人都有公開的聯絡資訊。
- 階層制度阻礙了經驗豐富的人與資淺或經驗不足的人合作。
- 你對合作不感興趣。

## 培養這項原子技巧的關鍵行動是什麼？

**尋找機會：**隨著你越來越深入了解自己的領域或行業，你會發現有待發展的領域。你在參加講座或收聽廣播節目時，找出論點中存在的漏洞，這代表還有進一步探討或解決問題的空間。對於已完成也很完善的工作建立基本了解，並列出你所發現的不足之處，這些就是你的機會。在你聯繫別人之前，事先做些準備是有好處的（雖然不是必要的）。最重要的問題是，你希望這個人幫你找到什麼機會？

**選定合作對象：**從一個人開始，根據你的不足和需求，與你希望合作的人聯繫，透過電子郵件、社群媒體或其他專業管道（如郵件服務列表或電子報）都可以。如果你認識的朋友與此人熟識，請求他們寫封郵件為你引薦一下。當你提出這樣的請求時，務必要謹慎、尊重、有目的性，不要期望同一個人親自將你介紹給自己的所有人脈。日後也要樂意成為別人聯繫的對象。

**尋找個人的專業興趣社群：**專業興趣社群是非正式的，通常是一群人自願聚集在一起，分享關於特定主題的知識。視興趣領域而定，這些可能很容易找到。在網上搜尋特定領域的活動，加入社交媒體群組。你要出現在類似專家聚集的地方，至少可以觀察對話內容。艾黛拉在網路上參與了一些寫作社群；瑞莎在網路上參與了一些口述和書寫故事社群。你可以透過發送建立聯繫或關注的請求、直接私訊或回應討論來參與互動。加入或申請個人所屬領域或興趣的培訓計畫。這一切都能讓你更接近志同道合的人，有機會合作並分享專業知識。

| | |
|---|---|
| 寄件人： | |
| 收件人： | |
| 副本抄送： | |
| 密件副本： | |
| 主旨： | |
| 內文： | 艾黛拉，<br><br>我正在設計一集關於健康科技創辦人的廣播節目，這些創辦人本身也是醫生。上週我們電話溝通時，妳提到了一位人選。能不能透過電子郵件幫忙引薦一下呢？<br><br>瑞莎 |

根據你的不足和需求，選定合作對象，透過電子郵件、社群媒體，或其他專業管道（如郵件服務列表或電子報）聯繫都可以。如果你認識的朋友與此人熟識，請求他們寫封郵件為你引薦一下。當你提出這樣的請求時，務必要謹慎、尊重、有目的性。

## ⑥盡可能多加練習新技能

### 具體的技巧是什麼？

向他人展示自己不斷發展的知識和成長。

瑞莎

我一直不明白為什麼我都沒有收到演講邀約，沒有主題演講、臨床討論會，或全體會議主講，也沒有被邀請擔任廣播節目嘉賓。

我自認為已經遵循了發展臨床超音波專業的所有步驟，包括發表論文、擔任組織領導、參與工作坊教學等，但有很長一段時間都沒有動靜，於是我向一位擔任急診醫學科系主任的朋友討教。

瑞莎：我想了解為什麼我都沒有被邀請到臨床討論會發表演講。

友人：妳想來臨床討論會發表演講？我會請行政助理和妳聯絡，以確定日期。

就這樣，我成了學術急診醫學部門臨床討論會的演講嘉賓。在那次對話中，我意識到專業知識並不代表一切，有時機會是透過人脈和簡單提出要求而產生。



## 我們為何需要掌握這項技巧？

透過演講分享你的技能是熟悉資料的一種方式，而參與專案則是另一種方式。無論是哪一種機會，將自己的名字投入競爭名單中，並積極參與工作，都是展現個人專業的絕佳方式。你自己和別人都能看到你的優勢和需要發展的領域，這樣有助於建立個人聲譽並展示能力。

## 這項技巧為何難以達成？

- 你很擔心或害怕被人視為冒牌貨。
- 你覺得自己還沒準備好，你認為在公開展示個人知識之前，需要先取得經驗、特定職位、年資或高等教育等。
- 有人跟你說你還沒準備好。

## 培養這項原子技巧的關鍵行動是什麼？

**了解冒名頂替症候群（imposter syndrome）**：冒名頂替症候群常被形容

為對於自己的工作是否適任感到心虛。我們經常聽到有人自我診斷說「我有冒名頂替症候群」，然而，這種感覺很少是由於在職場中感到自我欺騙或虛偽而引起的，大多數時候，冒名頂替症候群之所以在心中盤旋，都是因為缺乏所需的認可和支持，那種負面氛圍讓你感到被排斥，對自己的潛能有所懷疑。這種缺乏支持對於弱勢族群來說，尤其有害[3]，我們想提醒你，你有技能，也值得向眾人展示。

**辨識值得把握的機會：**作為導師和教育工作者，我們發現資淺專業人士面臨的問題是，他們常常無法辨識出現在眼前的良機，或就算看出這是個好機會，卻不知下一步該採取什麼行動。如下表所示。無論機會是什麼，行動的起點都是自我積極推動。

| 機會 | 目標 | 應採取的行動 |
| --- | --- | --- |
| 在你的專業領域、利基市場或團隊中，出現一個主管或經理的職位空缺。 | 你想要努力晉升到高層主管的領導職位。 | 與你的主管和指導老師商討這個機會，詢問：「我該如何為這個職缺做最好的準備？」 |
| 你所屬的學科領域正在徵求年度會議的演講嘉賓。 | 你希望成為某個特定或專業領域的知名演講者。 | 申請演講，提交幾個工作坊、講座、小組討論的提案，邀請同事參與。 |
| 在一次社交晚宴上，你正好坐在與你有著相似的職涯軌跡、也正從事你夢想工作的人旁邊。 | 你想要追求相似的職業發展，也想找到類似的工作機會。 | 讓對方知道彼此的共同興趣，詢問其職業經歷。向對方索取聯絡方式以便持續交流。 |
| 你有一篇想要撰寫的文章，看到了徵稿的機會。 | 你希望透過撰寫此一主題的文章，來提升自己作為作家的專業能力。 | 聯絡編輯，與之分享你的提案和文章草稿。 |

作為導師和教育工作者，我們發現資淺專業人士面臨的問題是，
他們常常無法把握出現在眼前的良機。

**主動為自己爭取：**沒有同事會因為你未能得到機會而失眠，這並不是說他們不在乎你，而是你需要主動關心自己。怎麼做呢？就像上述瑞莎的故事一樣，開始主動為自己爭取。想想你在培訓和學校時期結識的朋友，他們在哪裡工作？他們在做什麼？看他們是否能幫助你獲得發展專業知識的機會。尋求幫助是很正常的，你可能聽過這樣的話，問問看，最壞的結果就是被拒絕而已。但事實上，艾黛拉告訴她的學生，最糟糕的情況是，你的聯繫人本來會答應的，只是你自己從未提出要求。勇於接受拒絕，永遠不要後悔提出要求。

**展現個人技能和專業知識：**你有幾種選擇可以和他人分享你的專業知識，例如，建立並發布個人網站、在社群媒體上貼文宣傳、在 LinkedIn 個人檔案中加上職業頭銜，或在電子郵件簽名中加入一句描述，開始展現你的專業素養。

**相信自己、聽從內心的直覺：**如果有人說你太年輕或還沒準備好，請記住，你並不需要聽從這些建議。相信自己，向你信任的人尋求回饋意見。要胸懷大志，永遠不要後悔主動為自己爭取。

## ⑦ 積極參與社群媒體

### 具體的技巧是什麼？

投入一點時間在相關平台上建立和維護個人的社群媒體形象。

瑞莎

我在開始製作《可見之聲》廣播節目時，我信任的兩位朋友含蓄地告訴我，我必須加入更多社交媒體平台。我當時很猶豫，認為一個就足夠了，我並不想要有更多的社交媒體。然而，我的這兩位朋友，一位是取得 MBA 的教育家，另一位是有法律學位的執行長、天使投資人和連續創業家，都分別提出同樣的建議，要我加入 LinkedIn，他們知道建立專業網絡的重要性和該平台的效力。他們真是準確無誤，這是一種較簡單的方式，能夠接觸到那些積極學習的人才、分享和討論共同興趣的話題，甚至在專業領域組成團隊。許多時候，這就是我認識和聯繫專業人士、邀請作為廣播節目嘉賓的管道。

## 我們為何需要掌握這項技巧？

在職場中，你只能建立有限的人脈，過了一段時間，你會需要擴展人際網絡。不是只有我們這樣建議：《紐約時報》也認為社群媒體對於業務推展和職業生涯有好處[4]。社群媒體具有放大效應，這種媒介使你能夠接觸到世界各地的人才和資源。所謂接觸指的是主動與新的人進行一對一交流，也可能是被動地參與，例如觀察其他專家所寫、所說和所分享的內容，而不必直接與之互動或交流。這在提升個人專業知識方面，可能會帶來巨大的投資回報。

## 這項技巧為何難以達成？

- 社群媒體容易引來惡意評論、惡毒又讓人反感的挑釁者。
- 建立個人資料和了解平台系統的使用方法和設定，需要花費一些心力。
- 參與可能需要投入大量時間，而且容易上癮。

## 培養這項原子技巧的關鍵行動是什麼？

**謹慎處理高風險話題：**我們不希望限制你所寫的內容，但是希望你自己要小心一點。如果你想深入探討具爭議性的社會或政治話題，要慎重考慮。關於你對公司的牢騷、投訴或不滿，也要三思而後行。決定你願意分享多少私生活細節：孩子、度假、住家外觀／內部的照片。

**選定社交媒體平台：**有很多社交媒體平台可供選擇，找出你的目標社群所參與的平台，請團隊和你信任的人推薦，關注那些對你有益的平台。

**建立個人檔案：**注意觀察別人的個人檔案，記下你喜歡和不喜歡的地方，效法那些你認為最有效、看起來很不錯、與你的興趣相符、而且讀起來很順暢的個人檔案。記住：這是為了專業目的，我們建議你使用與工作中相同的名字，以及用專業的大頭照。

**潛水觀察、私訊或公開評論：**首先觀察其他人如何使用平台，研究內容，看什麼會引起關注？你也可以直接私訊別人，評論他們的作品並自我介紹。如果你覺得自在，可以在貼文和討論中公開發表評論。

**明白自己的界限：**始終記得自己參與社群媒體的目的和接觸對象。如果是為了建立和發展個人專業知識，那麼這應該是你內容生成的中心。相信你的感受和直覺，遵循自己對於社群媒體分享內容所設的界限。要小心具爭議性或敏感的話題。



## ⑧ 評估與專業領域相關的領導職位

### 具體的技巧是什麼？

確定哪些專業相關的領導職位值得一試。

艾黛拉

在擔任哈佛醫學院四十名醫學生的指導老師之前，我思考了對我來說最重要的事，基本上就是協助學生發展職涯。我的目標是確保我充分了解對這個角色的期望。在申請之前，我向上級主管請益，他認為這是個很好的領導機會和跳板。我也與之前和現在擔任相同職位的人交談過。職務說明書提到我將負責監督學生在醫學院的學習進度。我發現這個職位要求我在晚上和週末與學生會面，這一點在廣告傳單上沒有清楚表明，但並未使我打消念頭，只是我納入考慮的一個新資訊。我還問了醫學生一般對指導老師的看法。深入的調查有助於我判斷是否值得爭取這個職位。我對風險和利益有非常清楚的了解，最終決定，這個導師機會似乎與我的專業目標完全吻合。

## 我們為何需要掌握這項技巧？

許多領導機會將接踵而來，並非所有機會都是有益於你的成長或高回報。你應該對一個機會進行批判性評估，權衡利弊，包括薪水、工作文化、職務說明、時間投入、出差需求等等[5]。有時候，人們可能會輕率地接受一個職位，認為會幫助他們成長、擴展人脈和聲望，結果卻發現事實並非如此。你不會希望被一個領導職位束縛，增加了行政工作負擔、占用大量時間，或消耗精力，而且還無法保證你有機會發揮創意和獨立性、朝專業知識的方向發展。

## 這項技巧為何難以達成？

- 你擔心問了太多細節問題。
- 你擔心自己私下調查所獲得的真實資訊可能會讓你打消申請念頭。
- 你相信所有的領導機會都是值得投資的。
- 你不確定拒絕一個機會對你的職業生涯將會產生什麼影響。

## 培養這項原子技巧的關鍵行動是什麼？

**詳讀職務說明書：**在接受新的領導職位之前，盡可能多了解一切資訊。

閱讀相關職責的描述，了解時間投入和非工作時間的期望，探索未即時公開的細節。

**向目前或曾經擔任過該職位的人請益：**如果已離職的話，明確詢問他們離開的原因會有所幫助。在接受職位之前，先提出可能會令人不自在的問題：「你受到的待遇怎麼樣？」「你為什麼選擇離開？」「你有受到重視的感覺嗎？」「接受這職位對你的職業生涯有幫助嗎？如果有的話，在哪些方面？」

**了解任職者下一步的去向：**評估該職位的前景。這是一個終點，還是會讓你有機會進一步取得更重要、更有影響力的職位呢？了解發展軌跡將幫助你掌握下一步最佳發展所需的技能和機會。

**評估可獲得的支持和資源：**你是否有適當的行政支持、財務資源和足夠的權力來執行該職位的任務？這會是你得完全靠自己、沒有組織結構和支援的職位嗎？向面試和招聘你的人提出有關職責和資源提供等具體問題。

**評估該職位的影響範圍和程度：**你可能會因為想累積成為專家的經驗，而考慮接受這個職務。你會影響到五個人，還是五千個人？你會處在別人的陰影下，還是會成為你所從事工作的代言人？你有機會向公司、行業或領域的高層領導展示你的工作嗎？

**學會拒絕：**接受和拒絕可能都很難。當機會來臨時，很令人心動，會心想：終於有人注意到我了，或這是我大放異彩的好機會。相信你的直覺，在答應之前，先深入研究，以了解真正的情況。記住目標，你希望找到一個有助於你發展成專業專家的職位。以下是拒絕一份工作邀請的標準措辭：謝謝你抽出時間考慮我的申請，經過深思熟慮並與我的導師談過之後，我決定放棄這個機會，希望日後還能合作。」

# ⑨ 申請個人專業領域的獎項和榮譽

## 具體的技巧是什麼？

積極為自己爭取認可、獎項和榮譽。

艾黛拉

我剛開始在醫院擔任急診醫學教職時，注意到同事們一直受到獎項的肯定，而且同樣的人似乎一再獲獎，好幾年過去了，我卻沒有獲得任何認可，我心想也許我還太年輕，也沒有任何傑出和「值得獲獎」的表現。後來在向一位同事祝賀時，他透露了一些訣竅。我說：「恭喜你獲得這麼多獎項和榮譽，真是太了不起了，你的專業得到了認可」。他說：「是的，我會請人提名我，或是有些人想提名我，就會要我幫忙準備提名文件」。在那一刻，我才明白我的同儕都在積極參與他們自己的獎項提名。我很震驚，因為我一直以為應該要被動地等別人幫助我獲得認可，我真不敢相信我所看到的所有晉升都不是偶然的，而是自己積極爭取的結果。

## 我們為何需要掌握這項技巧？

被看見、被聽見以及工作表現受到認可，是人類的心理需求。身為女性，我們特別了解在學術機構中，我們的工作往往被人忽視或未受肯定[6]，更糟糕的是，功勞可能被歸功於他人，或被人據為己有。獎項和榮譽可以確立專業知識和信譽，關鍵就在於知道如何提出申請和獲得提名。我們也曾以為自己的工作會神奇地受到認可。

## 這項技巧為何難以達成？

- 你相信別人會主動來提名你。
- 由於覺得不自在或知識不足，你對自我提名抱持保留態度。
- 從文化角度來看，你認為提出要求、肯定自己，或自我提名是不可取的。



## 培養這項原子技巧的關鍵行動是什麼？

**停止等待：**當然，你知道有些人有無盡的支持：指導老師、贊助人、教練或顧問，但並不是每個人都這麼幸運，大多數人最終都是因為積極尋找支持而獲得幫助。我們不希望你等待別人主動問你，「我怎樣才能幫助你獲得獎項、提升專業知識呢？」

**接受不自在的感覺：**平靜地面對不自在感。向團隊和你信任的人請教他們是如何獲得獎項和榮譽的，看看是否有可借鑑的做法。練習主動提出要求，學著更自在一點，試試這樣的一句話：「你願意提名我角逐這個獎項嗎？」

**列出機會清單：**要知道有許多機會可選擇，詢問領域內外的人，他們可以告訴你相關獎項、認證、獎金、培訓或發展計畫的資訊。即使現在不是申請時機，也要建立一個表格，記錄機會的名稱、要求、截止時間表等。

**定期更新個人履歷和簡歷：**這聽起來似乎很容易，但很難持續下去。在你的行事曆中設定提醒，每月、每季度或其他時間表定期更新。將進行的演講或發表的文章，都加到履歷表中。即時更新是最好的辦法，我們兩人都是用 Google 文件即時在線上更新履歷，可以隨時隨地新增和編輯。

**草擬自己的推薦信：**幫助想要提名你的人，草擬你自己的推薦信[7]。在信件開頭先以客觀事實介紹提名人，然後用二到三段的篇幅詳述關於你個人特質的客觀事實。仔細檢查內容，確保日期和名稱都拼寫正確，再將信件的草稿寄給提名人，由他們完成這封信，他們可以自行添加任何最高級的形容詞，如最好的、最出色的或最創新的。但要注意：如果你簽署了一份聲明，表示沒有事先看過推薦信，那就不可以由自己草擬這封信件。

## ⑩ 學習成長和提升個人專業知識

### 具體的技巧是什麼？

持續加強和擴展你的技能和知識。

瑞莎

我在急診醫學超音波教育領域經歷了不同階段的角色演變，而且是相互關聯的，就如同原子技巧一樣！這些微小逐步的進展實際上反映了主題專業知識的成長和發展。

研究生：首先，我完成了為期一年的超音波研究生課程。

參與者學員：最初，我以學員身分參加超音波研討會，坐在觀眾席上。

演講教育者：隨著時間發展，我很快以演講者身分站在台上，受邀進行超音波講座，以及進行臨床教學。

研討會籌辦人：後來，我負責籌畫一個為期兩天的研討會，處理後勤和細節安排。

教練導師：最後，我成為培訓導師，專門指導、輔導和支持年輕的教員、實習生和初級醫師負責規畫並主持工作坊。

故事敘述者：有趣的是，所有這些教學、學習、演講授課和寫作經驗，都讓我累積了口語、寫作、傾聽和說故事的技能。

這個過程並非總是直線發展，但角色的演變顯示了專業知識的進步。

## 我們為何需要掌握這項技巧？

我們的好奇心和求知欲絕不該停滯不前，你應該始終保持努力成長和學習的心態[8]。我們知道有時候一些領域、趨勢或做法可能會過時，但你所獲得的技能和知識永遠都會有價值。思考如何調整、擴展和轉向到下一個利基領域是一種技能。

## 這項技巧為何難以達成？

- 很難有持續的動力。
- 主動出擊和有意識地行動需要投入很多時間。
- 團隊墨守成規，總是拘泥於以往的行事方式。

## 培養這項原子技巧的關鍵行動是什麼？

**與新舊夥伴合作：**與同一群人一再合作並不困難，尤其是在信任已經建立、關係良好、且默契十足的情況下。但也要尋找新的合作夥伴，可以逐步增加一名新成員，並定期調整人員，為你負責的專案計畫注入新的想法和觀點。要和善待人，不要讓人感到被拋棄或被孤立，比方說：「我很喜歡我們一起共事的時光，希望將來還能再次合作。」

**關注並吸收最新動態：**訂閱與你專業領域相關的新聞和社交媒體訊息。請記住，相關議題也很重要，讓你能了解最新發展，知道公司工作團隊以外正在進行的互補或對立的重大討論。

**參加會議和網路研討會以擴展人脈：**我們在參加研討會時，會去聽一些講座，但大多數時候是在走廊或咖啡廳和其他與會者互動。重點在於能夠即時並親自與他人互相切磋交流，你不該錯過這個機會。如果看到有人獨自坐著，不妨去打個招呼，了解他們的最新近況。參加網路研討會也是一樣，看看有誰參加，向他們發送私人訊息，提出會後進一步交流的建議。

**與同事和導師見面：**分享你的工作近況，尋求如何擴展知識和專業技能方面的建議。經驗較豐富的人對你領域的整體局勢和未來的發展，可能會有比較全面的了解，同儕可能了解最新動態，而年輕的導師則能夠告訴你新舊之間的差異。

## 成為專業領域專家的原子技巧總結

- 建立專業知識是持續累積具體經驗的過程。
- 單靠自己無法建立專業知識。不妨與人合作，向他人尋求協助。
- 不要故步自封或變得僵化。對學習成長和機遇抱持開放和靈活態度。

## 第6章

# 掌握職場文化的原子技巧

瑞莎

有一天我在急診室值班，正在與實驗室討論一名血鉀濃度過高的危險患者時，有位醫學生前來向我報告一個新病人的病史和檢查情況。這位學生走過來，毫不遲疑地向我介紹病人，而當時我正在講電話。他的音量比電話那一端的人還要大聲，於是我轉動了椅子，微笑著，用手指著我耳邊的手機，示意他稍等一會再說，我並沒有生氣，只是發現他在狀況外。一般情況下，學生會和我眼神交流、等到確認我已經準備好專心聆聽才開口。病人的狀況若很嚴重可能需要立即打斷，但當時的情況並非如此。學生也可能是感到緊張，對工作文化不熟悉，但事實也並非如此，我們已經一起輪班了好幾次，而且他也快要結束在急診室第四週的輪值了。雖然有經驗，也聽了回饋意見，但他還是沒能掌握社交提示、介紹病人的方式，或工作場所的流程。我自己當然也無法掌握所有的社交暗示，但我認為這是他學習情境意識的機會。

你的工作環境可能比你想像的更像是個急診部門，這裡有一種團隊互動並完成任務的工作文化、流程，和生存方式，你必須保持開放的態度、好奇心、主動地了解和適應這種文化。一般而言，健康的職場文化包括人們展現友善、尊重、支持、溝通、合作，和及時的行事態度。有人會說，這些特徵使工作環境變得「合宜」和「專業」。

然而，就職場文化而言，這些術語可能充滿了情感色彩、主觀詮釋且帶有偏見。當你認為的專業和適當行為與團隊或主管的看法不一致時，會發生什麼情況呢？

作為女性，我們一直在面對有明顯性別差異的職場階級制度：在美國，一半以上的醫學系學生是女性，但在各學科或部門主管中，女性卻只占二三%[1]。換句話說，我們可能在人才庫中，卻無法攀升到頂端。雖然我們知道並非所有行業都是如此，但有數據顯示，大多數行業都是由男性領導。一份二〇二二年的報告對於高階主管領導層多元化提升表示讚揚，然而，有八九%的執行長、財務長和營運長還是白人，而八八%是男性[2]。根據二〇二一年麻薩諸塞州 K–12 教育工作者的一份報告顯示，主管階層中有色人種只占五%，女性只占三九%[3]。為什麼在探討文化的章節中提及性別和種族呢？我們現在提出這個問題是為了承認，如果你不屬於職場中所代表的多數群體，那麼工作環境可能會讓你感覺不對勁或不自在。性別或種族一致性會影響你的感受。明確地說，世上並沒有一種普遍的職場文化，因此，我們無法提供一體適用的標準回應。每一個工作環境都有其獨特性，只能透過觀察和實際經驗來學習職場文化。

本章討論九種原子技巧，以幫助你了解職場工作文化。

## 掌握職場文化的 9 種原子技巧

① 自我介紹，並以姓名稱呼對方

② 了解他人的溝通方式

③ 了解公司的組織架構／掌握公司的匯報層級

④ 詳讀雇傭合約、員工指南、手冊以及人力資源政策

⑤了解自我監督的重要性
⑥察覺自己的社會優勢
⑦捍衛個人和團隊的權益
⑧在職場環境中謹慎社交
⑨觀察不當行為的處理方式

## ①自我介紹，並以姓名稱呼對方



### 具體的技巧是什麼？

主動詢問、重複確認，並記住對方的名字，同時也告訴別人你的名字。

艾黛拉

在醫學界，黑人女性醫生的人數極少，我們真的很稀有，使我們幾乎在任何場所、會議或輪班中都特別顯眼。作為一名黑人女性，處在以白人為主的環境中，有個令人不舒服的附帶效應就是，我經常被誤認為其他有色人種女性，雖然我們在身高、體重、髮型、髮長、膚色等各方面都存在差異。曾經有人問我：「妳把辮子剪掉了嗎？」而我根本就沒有留過辮子，那是另一位有色人種女同事，她的外貌和我完全不同。就某種程度而言，很容易忘記別人的名字，急診團隊中有很多人：管理人員、護理師、技術人員、學生、助理醫生、醫生等，而其中許多人都會輪調不同的角色。我開始體諒自己真的記不住每個人的名字，當我記錯名字時，我會道歉，也會再次詢問對方的名字，或希望別人怎麼稱呼，試著在整個值班期間記住。當一個人對於了解我、我的名字或正確發音不感興趣時，就會從無心的錯誤變成冒犯，我會原諒對方，告知正確的名字，但一再如此真的令人很無奈。

## 我們為何需要掌握這項技巧？

在職場上與人建立信任，第一印象非常重要。作為急診醫生，我們只有很短的時間來與團隊和每一位患者建立融洽關係，因此，我們每天都在練習建立人際關係。向他人自我介紹有助於提升自我認知、確立身分，並融入團隊[4]。同樣地，稱呼別人的名字也能讓對方感覺受到歡迎和尊重。別人應該知道你的名字，你也應該知道他們的名字。

## 這項技巧為何難以達成？

- 你感覺自己不是團隊的一分子。
- 你不好意思再問別人的名字，尤其是你應該知道的人。
- 你不確定別人的名字該怎麼發音。

## 培養這項原子技巧的關鍵行動是什麼？

**花時間教別人自己名字的正確發音：**你在與人初次見面時，試著重複幾次你的名字，這樣可以幫助對方記住。你可以製作一個錄音剪輯，或是在社交媒體帳戶或電子郵件簽名中包含音標。你也可以錄製自己的名字（利用 https://cloud.namecoach.com 或 https://namedrop.io）。如果有人念錯你的名字，不妨指出正確的發音：其實我的名字是瑞莎（Resa），發 E 的長音，就像瑞氏花生醬巧克力（Reese's Peanut Butter Cups）中的 Reese 一樣。

**誠懇地請求重新介紹：**很簡單，當你忘記別人的名字時，誠懇地請求重新介紹一次，同時也告訴對方你的名字：「不好意思，能再提醒我一下你希望別人怎麼稱呼嗎？我的名字是〇〇〇。」

**詢問正確的發音：**花時間請求正確發音。有時候，請對方用音標拼寫名字會有所幫助。如果你在對話中不確定對方的名字該如何發音，不妨再問一次，你可以這麼說：「我想正確地說出你的名字，你介意再告訴我一次怎麼發音嗎？」這代表你的在乎和尊重。

**注意個人獨特性：**你可曾在工作中看過這種情況？一位來自邊緣化社群的人被誤認為是另一個人，而兩人除了膚色之外並沒有任何相似之處。當這種情況一再發生，會讓人感到被剝奪尊嚴，也傳達出一種訊息說：你們都一樣，或你的名字不值得記住。沒錯，總有不小心的時候，那就道歉吧。如果你犯了這種錯誤，老實承認，你可以說：「我很抱歉把你和別人搞混了，可以再提醒我一下你的名字嗎？我會更加注意的。」

**避免剝奪尊稱：**剝奪尊稱是指忽略某人的頭銜或職稱，這種做法多少代表了不尊重這個人的頭銜和專業知識[5]。例如，在一次會議上，同樣都是高階主管的兩位來賓分別被介紹為：「我們歡迎馬克・瓊斯執行長（CEO Mark Jones）和艾妮塔（Anita）來參加我們的會議」。瑞莎有一份工作是團隊領導者，也是六人團隊中的兩名醫生之一，然而，專案計畫經理一直稱她為「瑞莎」，而尊稱男醫生為「○○醫師」。

## ② 了解他人的溝通方式

### 具體的技巧是什麼？

了解溝通方式會因情境和場合而有所不同。

瑞莎

我以前覺得發簡訊是無害的，直到發生了某件事讓我變得更加謹慎。我們在編輯一本書，我與我的合作編輯正在整理未完成和遺漏的事項，有一位作者已經延遲了幾個星期，我發了簡訊給她：「嗨，我們正在進行這本書每週的待辦事項追蹤，可否告知妳什麼時候能寄出最終稿件呢？」我絕對沒有任何敵意、憤怒或不良意圖，她也沒有透露遭遇任何緊急情況，然而，她發簡訊給我的合作編輯說我霸凌她，我很震驚，一些朋友幫助我領悟到，相較於打電話或寫郵件，有些人認為發簡訊是一種更私人、更冒犯的做法。簡訊無法傳達語氣，可能會讓人感覺受到侵犯、甚至覺得被攻擊。如今，我變得更加謹慎小心了，尤其是對於與職場相關的簡訊。

## 我們為何需要掌握這項技巧？

成為優秀的溝通者確實有助於成為有效率的領導者[6]，其中的挑戰在於每個人和各地方都有特定的溝通方式和細微差異，因此，溝通的規則和策略變得不可預測。此外，公司內部的文化可能完全不同於你所屬的小團隊文化。同樣地，如今的線上工作空間與疫情前的辦公室文化也有所不同，由於大部分溝通都是非言語的，透過通訊平台或視訊會議進行溝通是一大挑戰，在聽不到聲音、看不到臉部表情，或是無法解讀肢體語言的情況下，溝通品質就會受到影響[7]。

## 這項技巧為何難以達成？

- 你的溝通方式和偏好，對團隊和工作來說效果不好。
- 你認為一般隨意地溝通是沒有關係的。
- 別人的溝通偏好讓你感到不自在。
- 有效地溝通需要投入時間、精力和注意力。

## 培養這項原子技巧的關鍵行動是什麼？

**觀察他人的行為：**了解別人在工作中如何相互溝通，你不必直接參與對話、互動或衝突，就可以取得有價值的訊息。收集具體的做法，例如，這些人的溝通媒介、交流的時間、禮貌程度等。

**觀察社交暗示：**關注細節是很重要的，留意是否存在明顯的階級和體系？有沒有人用先生、女士或教授等稱呼？有沒有人會打斷別人或闖入會議？大家是否在二十四或四十八小時內回覆電子郵件？團隊是否比較喜歡採用如 Slack 之類的應用軟體，還是用簡訊溝通？

**盡量保持禮貌、避免說粗話：**有些人在不知道穿著規定時，會寧願過度打扮，而不是過於隨便。在溝通方面，盡量保持謙恭有禮，避免說粗話，就算你看到別人這麼做，但那些行為可能會引起負面關注，也可能不必要地冒犯了他人。記得要保護你的聲譽，團隊在當下或許不會告訴你對粗話感到不悅，但這可能會衍生負面情緒。

**溝通時要考慮他人感受：**我們在說話、傾聽或書寫方面的能力各不相同，而口音和詞彙在不同地區和洲際之間，也會有所不同。許多人可能聽力不好或不善於高聲說話。不要讓人感到難堪，千萬別說：「我聽不懂你的口音」，要保持敏感度，也要有點耐心。在會議之前發送一封郵件，比方說：「如果你需要任何溝通方面的協助，就直接寫信跟我說。」

**培養同理心：**設身處地為別人著想，例如，當你目睹衝突或挑戰時，感受一下現場的氣氛，注意眼前看到的有害行為，想像一下可以如何改善現況。想想如果是自己被捲入衝突，你會怎麼做。回顧你經歷過的類似情況和當時的情緒，辨識你從他人身上觀察到的情緒，這是一種積極培養同理心的策略——觀察和反思的結合。

**考量情境、謹慎選擇溝通方式：**你應該根據實際情況，仔細考慮溝通方式。

| 實際情況 | 例子 | 溝通媒介 |
| --- | --- | --- |
| 敏感資訊 | • 你需要關注一位未能按時完成任務的團隊成員。<br>• 打算給某人提供回饋意見，指出其表現不符合期望。<br>• 你需要討論一位團隊成員涉及種族歧視的笑話。 | 對於高度敏感的話題，尋找一種彼此都能仔細觀察對方臉部表情和肢體語言的溝通媒介。確保所有相關人士都同意這種溝通方式。盡可能當面溝通。視訊會議不太理想，但若所有參與者都開啟視訊就沒關係。雖然沒有硬性規定，但應避免採用電子郵件和簡訊。 |
| 急迫性 | • 你需要緊急找人幫你代班或處理專案計畫。<br>• 截止日期被大幅提前。<br>• 演講的設備突然故障，某人必須在沒有投影片的情況下進行演講。 | 對於時間緊迫的訊息，要找一種可以立刻聯絡到對方並確認收到的方式，那就是要透過電話或簡訊溝通。 |
| 長度／複雜程度 | • 你被要求解釋工作未如預期發展的情況。<br>• 有人想聽取你對一個職場衝突的看法。<br>• 你打算辭去某個職務。 | 長篇複雜的電子郵件和訊息通常只會被匆匆瀏覽，如果你發現自己在寫的郵件十分冗長，請暫停並以更簡潔的方式重寫，或是乾脆透過電話或面對面溝通。 |
| 熟識程度 | • 你正要向一位不太熟的人發送會議邀請。<br>• 你正要與一位你只見過一次面的人聯絡。 | 在開啟對話之前，請考慮你與對方的關係和熟識程度，以及彼此（或多方）之間的權力結構。利用電子郵件開啟這些對話是不錯的選擇。 |

# ③ 了解公司的組織架構／掌握公司的匯報層級

## 具體的技巧是什麼？

了解你工作場所的層級結構和報告體系。

瑞莎

我剛開始在一家醫院擔任急診醫學超音波主任時，其他部門的一位醫生與我聯絡，想請我幫助他的團隊和另一家醫院的部門開發一項超音波專案。他開始透過郵件向我要求詳細的更新，我根本不認識他，於是要求他親自面談。在會議上，他以高階主管的語氣對我說話，命令我完成一系列任務，同時向他報告進度。最後，他提醒我他在醫院的職稱，我覺得似乎有些不對勁，因此向一位確定是我主管的人諮詢，她幫我釐清了報告體系、我的角色和職責。事實證明，我對他或他的部門沒有任何義務，她建議我停止與他溝通，讓她去處理接下來的情況。我很慶幸我相信了自己的直覺，發現到報告體系不對勁之處。

## 我們為何需要掌握這項技巧？

大多數組織都有職場結構的圖形表達，稱之為「組織架構圖」，展示了機構內部的階層結構、權力關係、協調和管理責任[8]。報告體系和階層可以是垂直的，也可以是更對等和平行的。無論有多少未顯現的層級，最終都必須有人負責承擔風險和責任，這代表在你的工作中，有一個你需要知道的指揮鏈，了解誰是負責人、誰是中階層管理者、誰是你的同儕。

## 這項技巧為何難以達成？

- 你沒有權限可查看組織架構圖。
- 組織架構圖已經過時且未更新。
- 你不敢要求查看組織架構圖。

## 培養這項原子技巧的關鍵行動是什麼？

**要求查看組織架構圖：**如果在網站或手冊上都找不到組織架構圖，請向主管索取一份副本，如果資料已經過時，或還是草稿模式，詢問有沒有任何可用的副本。若被告知沒有正式的組織架構圖，不妨請求進行口頭討論並做筆記。以好奇的心態提問：「為了更深入了解公司和我的職務，能否提供一份領導階層的組織架構圖呢？」

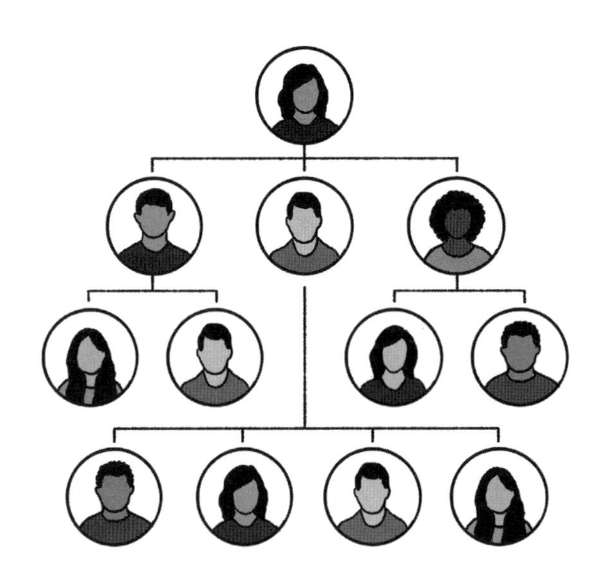

你在剛加入一個公司或擔任新職位時，最好請求查看領導階層的組織架構圖。

**找出了解公司結構的人：**請教那些在公司已經任職很久、願意提供幫助、看起來專業且知識豐富的人，請他們介紹公司的組織結構。對話一開始就提問：「您能告訴我公司內部的領導結構嗎？」

**注意制定決策的人：**在參加工作會議時，留意一下，看看是誰在主導這些會議、是誰提供了大多數的意見，或是誰的評論被視為最終答案，那些就是掌握決策權的人。

## ④ 詳讀雇傭合約、員工指南、手冊以及人力資源政策



### 具體的技巧是什麼？

注意公司機構書面政策中的細節條款。

艾黛拉

在住院醫師培訓期間，我有一個月在進行外科輪調，當月的第一天給我留下了深刻印象。我們剛剛圍坐在桌旁完成了巡房討論，研究了病人名冊和待辦事項清單，隨後大家都起身走向電梯，準備開始巡房並與病人交談。我是第一個離開房間的，比其他人先到達電梯門口，按下電梯按鈕，電梯門打開後，我也是率先進入，整個團隊之前正在交談的人，突然間安靜下來，所有人都停止說話，我轉過身發現他們都在盯著我，我也一直注視著這些穿著長白袍、手臂交叉盯著我看的人，直到資深住院醫師說：「妳站錯地方了，那不是妳該站的位置」。我肯定是露出了不可置信的表情，心想：「你是在開玩笑吧」。原來，在新生訓練手冊中有一些很細微的規定，有關我們在電梯中站立位置的具體指示，團隊中最資深的人需要第一個走進電梯，站在電梯按鈕前，由這個人負責決定我們要去哪一層樓，因此，他們需要能方便按電梯鈕。在教職人員進入後，資深

住院醫師隨後，再來是實習醫生，然後才是學生。無論我是否認同這種做法和儀式，這顯然是一種團隊文化，而我沒注意到那個細節規定。

## 我們為何需要掌握這項技巧？

在日常工作中，你可能不需要熟悉員工手冊的細節。如今，大多數手冊都可以在線上輕易取得。然而，當出現問題時，如病假、育嬰假、騷擾或歧視等，你需要能夠查閱詳細資訊，了解你的福利涵蓋範圍，也要知道哪些項目沒有包括在內。將員工手冊視為一個包含大量內容、政策和規範的溝通工具[9]。

## 這項技巧為何難以達成？

- 政策手冊繁瑣冗長、過於詳細，有時甚至難以理解。
- 網站架構混亂或資訊過時，很難找到所需的資料。
- 同事們也不知道在哪裡可以找到相關政策。
- 你不敢向主管或人力資源部門要求所需的資源。

## 培養這項原子技巧的關鍵行動是什麼？

**入職培訓：**在新工作的培訓時期要特別留意，了解如何聯絡人力資源部門（可能會有一個負責全部或部分人力資源事務的人），熟悉你需要的表格和資訊。老實說，有時關鍵資訊並不容易發現，你能越早整理和保存資料越好，以備不時之需。

**請教同事相關政策：**認識那些已經在公司／組織／機構任職很久的人，這是個不錯的起點。如果你不確定是否想要透露自己的具體情況，不妨籠統地提問。想要提出籠統或具體的問題，完全取決於你自己。

| 籠統的問題 | 具體的問題 |
| --- | --- |
| 「請問在哪裡可以查看員工手冊和相關政策？」 | 「我的伴侶生病了，我需要請家庭假，請問哪裡可以查詢公司的病假政策？」 |
| 「你能提供這家公司的退休計畫和配股方案嗎？」 | 「如果我在公司工作未滿一年就離職，我的退休計畫和公司配股方案會有什麼影響呢？」 |

找出在公司任職時間較長的同事，請教他們公司的相關政策。

**參加工作坊和研習會：**公司可能會舉辦內部工作坊或研習會，涵蓋保險、退休或殘疾等基本知識，可能只需要花一小時，但是很值得投資。會議結束後，你可以參考任何相關資料或安排後續討論。你可以與人力資源代表安排一對一的面談，全面檢視你的福利。

# ⑤ 了解自我監督的重要性

## 具體的技巧是什麼？

對自己的工作行為和效率負責任。

艾黛拉

我被列入在一封全體部門的郵件中，當時我還是一名住院醫師，而這封郵件旨在公開列舉那些未完成記錄或病人病歷資料的住院醫師名單。每次這個名單出來時，我都感到很尷尬，我並沒有以自己的藉口感到驕傲，但當時我剛被選為住院總醫師，而且正在籌備婚禮，所以我真的沒辦法花太多時間在病歷上。我永遠不會忘記一位資深同事說過的話：「艾黛拉，我看到妳的名字出現在名單上，我一直期待看到妳的名字出現，但不是在這種類型的名單啊」。一方面，我感激他指出了問題，也提供了如何更有效記錄的策略，另一方面，我也很驚訝；我原本以為不會有人注意到我的病歷延誤。那一刻讓我明白，在職場上，別人會注意到你的所作所為，也會發現你沒有完成的事情。

## 我們為何需要掌握這項技巧？

有個社會學和心理學的術語叫作自我監督，指的是根據職場規範而調整自己的行為。自我監督能力較差的人，往往會依照自己的內心感受行事；而高度自我監督的人，則會根據情況來調整自己的行為[10]。我們很認同自我行為監控的重要性，但並不認同「任何公眾關注都是好宣傳」這句格言。同時，我們也不建議你總是隨心所欲行事。在任何工作場所，都有自我、團隊和工作三個方面。完全不受約束、目中無人的行為，並不適合所有人，公眾人物或許能夠如此，但對職場中的你並不適合。事實上，我們建議你盡可能減少不必要的關注。

## 這項技巧為何難以達成？

- 你強烈反對受到過度檢視和微管理。
- 你認為在工作中沒有人會注意到你。
- 你沒有時間完成被指派的任務，也沒有精力去關注自己在工作上的表現。
- 你連達到標準都很難了，當你工作沒效率時，很難做到自我監督。

## 培養這項原子技巧的關鍵行動是什麼？

**確定預期行為：**留意一下在會議室、線上討論室（如 Slack）或走廊上的情況，觀察職場上處理錯誤或延遲的文化，所有事情都會被誇大、還是大家都很放鬆且表達支持？記錄受到正面關注的任務和成就，將之視為優先事項，也注意那些會引起負面關注的言行，所有這些研究都能讓你了解如何自我監督。

**遵守截止日期：**除非是緊急情況（我們知道意外在所難免），按時完成任務和準時到場都很重要。如果你答應參加，就該按時出席；如果輪到你上班，就準時上班；如果遲到了，要通知團隊。請記住，你在發展個人職業生涯的同時，也在建立可靠的聲譽。如果無法按時完成任務，不要默默失聯，要打電話、發郵件或發簡訊通知主要的利害關係人。

**控制情緒：**你可以有情緒，但不該對別人大吼大叫、羞辱、騷擾、搞破壞、輕視或威脅。即使工作環境容許這樣的行為和情緒，並不代表這是對的，你若有不當行為，也不見得會像別人一樣得到「寬恕」。如果你一再出現失控的行為模式，可能要問問自己，身處的環境是否能讓你茁壯成長，還是會迫使你經常出現這些不該有的負面情緒。

# ⑥ 察覺自己的社會優勢

## 具體的技巧是什麼？

要明白自己身分背景的一些固有特質會影響你在工作中的經驗。

艾黛拉

在我值班快結束時，一名病況危急的病人被送來，我的同事隨後到達，開始交接；他會負責照顧這位危急病人，而我準備下班回家。

他請我協助完成這位患者的護理流程：「妳能幫我聯絡一下重症加護病房團隊，為病人安排床位嗎？」這是個合理的請求，我打電話給重症加護病房的醫生，詢問是否可以收治這位病人，但被告知說他們此時正忙於處理其他病患，因此暫時無法接收。於是我告訴我的同事，請他過二十分鐘後再打電話給醫生，到時他會比較有空，我的同事主動表示：「我不會用請求的語氣，而是會直接要求他們立即接收病患」。他說得有道理，我本可以更果斷地提出要求，但是我想到自己曾多次被認為具侵略性、威脅性、又可怕，我不想因為同儕壓力而被迫表現強硬，我知道可能會得到「強勢」的負面觀感。對於黑人女性來說，權威很容易被視為具攻擊性。我的同事是個白人男性，覺得自己可以隨時表現出斷然、直接和明確的態度。這種風險本身就有嚇阻效果，而擔心他人對自己的看法也帶來很大的心理負擔。這種時候，我同事並沒有意識到自己的特權。

## 我們為何需要掌握這項技巧？

人的成功絕大部分取決於個人的特質，以及外在形象和談吐，因此，我們無法在書中單獨提出一個關於「身分」的章節，這是一個貫穿全書的議題。舉個簡單的例子：如果你穿著睡衣和拖鞋出席高階主管會議，與穿著訂製的商務西裝相比之下，你會受到不同的對待。無論對錯，這就是事實。相較於更嚴重的歧視因素，如年齡、族群、體能、性取向、社會經濟地位、出身背景等，因穿著方式而受到的差別待遇是相對可接受的特權例子。我們希望你考慮到，你的身分會直接影響到你所擁有的機會，以及是否有歸屬感。這點很重要，因為同理心直接影響職場文化。如果你意識到自己的特權，並以此為他人發聲，將會為所有人創造出更好的工作環境。

## 這項技巧為何難以達成？

- 你只顧及自己，被自己的困境所蒙蔽。
- 你相信每個人只要努力工作，就能得到你所擁有的成就。
- 你不相信特權存在，也不認為有族群、性別、年齡等差別待遇的問題。

## 培養這項原子技巧的關鍵行動是什麼？

**認清自己的特權：**列出一份清單，問問自己，什麼因素使我的人生比較輕鬆？我們並不希望你對這份清單感到羞愧，而是希望你明白，對許多人來說，特權一直存在於幕後，只是從未被明確指出。

**觀察內部獎勵制度：**在參加會議或閱讀公司的電子報時，要注意哪些工作和努力受到獎勵，觀察誰獲得升遷、誰被淘汰，他們屬於同一族群嗎？所有人都有得到平等的認可嗎？

**觀察在工作中遭遇困境的人：**雖然會有一群員工受到讚揚和升遷，但也要留意哪些人被解雇或錯失升遷和機會。有大量證據表明，弱勢者在工作中面臨著困難（例如缺乏專業指導、受到過度懲戒、更有可能離開職場）[11]。

**分享個人資源：**如果你發現自己有很好的人脈，能夠接觸到人才、機會、資金，不妨與人分享。頂端有足夠的空間容納多人成功。如果你真心幫助他人，就會為自己贏得更好的聲譽。

# ⑦ 捍衛個人和團隊的權益

## 具體的技巧是什麼？

運用個人的聲音和影響力，以尊重人的方式進行倡導。

瑞莎

我正在帶領一群醫師進行一項學術醫學期刊的寫作計畫，我為每個人建議了任務，大家都表示同意，也設定了時間表。我們是透過Google共享文件工作的，其中一位作者表示他的行政助理是一位優秀的文稿編輯，詢問是否可以分享這份文件的權限給她。我當時很納悶，因為我們才在撰寫初稿，並不需要文稿編輯，後來才發現，這位作者讓行政助理為他代寫文章。我善意地建議，既然是行政助理寫的，我們就將她也列為作者。論文發表時，這位醫生和行政助理都被列為共同作者。幾個月後，我在一個工作活動中遇到這位行政助理，她把我拉到一旁，一再地向我道謝。

## 我們為何需要掌握這項技巧？

盟友精神是一種可以學習的態度，是我們內心擁有的一套價值觀，讓他人感到安心。挺身而出的人是指在當下仗義執言或採取行動的人，這種行為不僅需要同情心、同理心，還需要勇氣，才能在現實狀況中當著眾人的面站出來。這麼做表達出不歡迎惡劣行為的態度，並要求公平、安全和同情心。男性需要成為盟友，做個願意挺身而出的人[12]。挺身而出的人不同於旁觀者（發現不當行為但未即時干預），世界需要更多這種見義勇為的人。我們絕對鼓勵大家出聲反對破壞安全的不當行為，如種族主義、性別歧視、年齡歧視、身心障礙歧視、恐同症等。

## 這項技巧為何難以達成？

- 我們選擇保持沉默，因為擔心會帶來負面後果或報復。
- 聽到冒犯行為時，我們感到很震驚、措手不及、沒有準備好應對措施。
- 沒有人樹立挺身而出的榜樣；該說什麼、何時發聲，以及向誰傳達訊息。

- 挺身而出會遭受到懲罰。

## 培養這項原子技巧的關鍵行動是什麼？

**堅守這個理念：**也許你曾經遭受過騷擾和霸凌，或是親眼目睹過，也許你的朋友、家人或同事分享了他們的經歷。如果你想成為一個盟友、想創造職場安全的文化，那麼就堅守這種精神，並自我教育如何為人挺身而出。



| 旁觀者 | 挺身而出者 |
| --- | --- |
| 事件發生後才私下對人說：「說老實話，我並不認同他對你說的話。」 | 事發當下：「我們這裡不允許這種行為，請不要說那樣的話。」 |

挺身而出者會在當下仗義執言或採取行動。
旁觀者可能注意到不當行為但不會即時介入。

**練習為他人發聲：**當這些事件發生時，我們都會感到措手不及，因此，事先練習目睹時的應對方式以便有所準備，努力培養自己在行動和言語上的自信與把握。回想過去你沒有為別人仗義執言的情況，如今你會說些什麼？下次看電視節目或電影時，如果有衝突，問問自己該怎麼為其中一個角色辯護。小提示：這不需要太過於精心策畫，只要簡單地說：你剛才的所作所為令人無法接受，這樣就夠了。

**準備好標準回應：**為別人挺身而出並不容易，也是大家都要承擔的責任。如果你準備好一些標準的回應方式，這麼做就會變得容易許多。

| 情境 | 為人挺身而出 |
| --- | --- |
| 一位團隊成員試著表達意見，卻被刻意忽視。 | 「讓我們確保每個人都有機會發言。」接著問該成員：「你有什麼想法？」 |
| 團隊領導者在嘲笑一位成員的口音。 | 「我覺得那一點都不好笑。」 |
| 主管正在用言語霸凌你的隊友，侵犯她的個人隱私。 | 「請遠離她，我不認同你的說話方式。」 |
| 有一位隊友每週都會對另一位隊友的外表品頭論足，例如衣著、妝容、髮型等，顯然讓她覺得很不自在。 | 「你的評論很不恰當，在你道歉之後，我們能專心討論工作嗎？」 |

**要先保護好自己：**為人挺身而出或許會讓人缺乏安全感，或並非正確選擇。我們明白這一點，仗義執言的人可能成為別人報復、欺凌的對象。最終是否要挺身而出是個人的決定。

**當下採取行動：**專注於當下採取行動以制止不當的言行，包括為人發聲，或是用肢體語言表達，如用手勢向侵犯者示意停止不當的行為，或是站在兩人中間調解等等。

**尋求安全：**照顧好自己的身心健康；要注意避免受到傷害。我們不幸地看到許多職場的攻擊事件。事實上，醫療專業人員是所有行業中人身攻擊發生率最高的行業之一[13]。一般來說，我們建議務必要注意人身安全。

# ⑧在職場環境中謹慎社交

## 具體的技巧是什麼？

請注意，與同事社交和下班後與朋友的社交，兩者有所區別。

瑞莎

我有一位醫生朋友上大夜班，早上，兩個輪完夜班的團隊出去吃早餐，大家都去了當地的脫衣舞俱樂部享用「美腿和雞蛋」（Legs and Eggs）的特色早餐。我很驚訝，但也很好奇他們為什麼選擇那個地方，朋友告訴我：「大家都這麼做，這沒什麼大不了的」。我更驚訝了，繼續好奇地追問：「團隊中的性別組成是怎樣的？」他說：「哦，實習生是女的，她覺得很棒」。我的腦海中閃過許多想法，我提出一些可能沒有任何成員認為這樣很好的理由，只是礙於團隊的階級制度，可能沒有受訓學員願意表態，實習生作為團隊中資歷最淺的人，或許擔心會受到不好的評價，甚至被團隊孤立。對話幾乎就此結束，幸好團隊的這個傳統最終也結束了。

## 我們為何需要掌握這項技巧？

職場的社交文化會因公司和辦公室而有所差異，當然，社交是建立團隊很重要的一環，問題在於要注意社交互動的界限。比方說，工作環境的飲酒文化差異很大，個人如果不喜歡喝酒，就該避免，然而，當團隊中有人喝酒時，員工可能感到有需要喝酒的壓力[14]。工作場所的約會文化也各不相同，因此在這方面不要預先假設，要詳讀公司政策的細則[15]。在醫學領域，教員通常不得與住院醫師約會，因為這可能會危及權力關係、評價，也可能破壞團隊和諧。作為許多團隊的導師和成員，我們注意到有人在社交方面犯了錯誤時，典型的反應是「我讓事情失控了」，因此我們強調在團隊中保持謹慎的重要性。

## 這項技巧為何難以達成？

- 你不了解工作場所的規則。

- 存在著社會壓力，要求參與並符合他人的期望。
- 你不太敢為自己發聲。
- 你認為自己的行為是可以接受的，因為「大家都這樣做」或是「還沒有人提出異議」。

## 培養這項原子技巧的關鍵行動是什麼？

**慎思酒精和其他藥物的使用：**工作場所仍然是你想要保護聲譽的地方，針對這個問題，我們知道不是每個人都認同，但我們不建議在工作場合過度飲酒，也希望鼓勵不喝酒成為一種常態。人不能喝酒的原因有很多，例如擔任指定駕駛、懷孕、宗教信仰、有過成癮史、是匿名戒酒協會（Al-Anon）的成員、無法代謝酒精等等。很可能，你並不孤單，你的倡導可以幫助其他人。總體而言，身為醫生，我們不贊成使用非法藥物，也建議將任何其他合法用藥行為與工作分開。

**慎思職場戀愛關係：**這是個需要盡早與人力資源部門溝通的主題之一，以便了解工作環境中不允許什麼行為。例如，在醫學培訓計畫中，指導醫生不得與所監督的對象約會，因為存在著權力關係，可能會危及個人意願和客觀評估受訓者的能力。絕對不要假定別人同意，尤其是與職場同事相處時。

**切勿傷害同事：**不要拍攝同事處於尷尬情境的照片，也不要轉發這種照片，或在社交媒體上公開分享，這並不是友善和尊重人的行為，而且更反映了你的品德瑕疵。

**避免捲入辦公室的八卦和爭端：**伸張正義並不等於讓自己捲入辦公室的鬧劇中，要避免的事情包括：煽動別人或參與挑起爭端的對話、散播謠言或八卦。八卦行為可以被定義為將訊息傳播給不該知曉的人，或探聽不該知道的訊息。八卦可以被用作社交武器來破壞別人的聲譽。務必注意你所分享的內容以及傳播的地方。

## ⑨ 觀察不當行為的處理方式

### 具體的技巧是什麼？

若有不當行為被呈報給單位主管時，注意有哪些後續反應。

瑞莎

每次我和朋友見面，她都會講述關於她主管的新故事，這次是關於排班表的問題。醫院的班表通常都是沒有提前通知就公布的，新醫師還沒有機會熟悉部門就被分配到夜班，年輕的團隊成員被分配到很多「隨時待命」的班次（待命輪班要求你在二十四小時隨傳隨到，地理位置靠近醫院，以防同事請病假或出現緊急情況），而資深同事卻很少有這種班次。當她向主管提出這個問題，暗示這造成團隊的士氣低落，主管發了一頓脾氣，大聲斥責她說，從來沒有人抱怨過班表，她是自己碰過唯一有意見的人（而事實上很多成員都在抱怨）。這種情況發生在她身上時，她以為這是一次偶發事件，後來聽說這位主管也對另一位同事發脾氣，才發現了這種職場文化趨勢，原來這位主管長期以來一直有脾氣暴躁和精神操控的惡名，他擔任領導職位已經幾十年了，每個人都知道他的行為，但大家都視而不見，如何處理不專業的行為反映出一個機構的工作文化，當一個體制都在保護和優先考慮領導者及其不良行為，而忽視員工的安全時，就該特別注意。

### 我們為何需要掌握這項技巧？

只有不到二五％的員工強烈認同公司的文化[16]，而有害的工作文化導致員工離職的可能性，是其他工作文化因素的十倍[17]。我們了解每個人都可能有情緒不好的時候，但不該因此助長霸凌、憤怒，或大吼大叫的行為。在了解工作環境時，我們希望你不僅關注公司如何表達讚揚，也要注意不良行為的處理方式。注意、觀察、解讀所傳達的訊息。觀察是一種總是能帶來好處的有效練習。事實上，藝術界有一種名為視覺思考策略（VTS, Visual Thinking Strategies）的技術，在觀賞藝術作品時著重於提出三個問題：這裡發生了什麼？你看到了什麼讓你這麼說？我們還能發現什麼？這是透過培養注意力、好奇心、批判性思維和尊重，來提升觀察和評論的能力[18]。這種觀察和注意的做法，很快就能讓你了解工作場所的類型，並幫助你決定下一步：爭取改變、忽視並留下，還是另謀高就。

## 這項技巧為何難以達成？

- 在過去，你的所屬機構或公司曾經忽視不良行為，或在處理問題時表現出猶豫不決的態度。
- 你不知道人力資源部門真正的服務對象是機構，而不是員工。
- 你不知道如何尋求幫助。
- 你舉報了不良行為，但可能不知道背後是否有任何處理措施。

## 培養這項原子技巧的關鍵行動是什麼？

**認清模式：**無論在何種工作環境，難免都會出現不良行為，不管情節多麼輕微。你的目標是觀察並了解公司的行為處理模式。有騷擾事件發生時，注意是否有人被要求下台、離職，或參加專業素養課程。公司會不會發出電子郵件表明立場？醜聞爆發之後是否有召開全體大會？還是一切都三緘其口，被掩蓋過去了？不要八卦，也不要散播謠言，只需觀察並注意模式即可。

**了解自己的選擇：**閱讀、搜尋公司網站上的資源，或許會有專業辦公室、支援小組、人力資源部門、性別平等辦公室等等。思考一下是否希望將情況提報至官方機構，包括律師。最好不要一開始就進行文件記錄，而是要求舉行面對面的會談。

**追蹤後續發展：**如果發生在你身上或與你相關的事件，向單位主管或人力資源部門詢問解決方案。簡單地提問：「我很好奇，自從我向您報告這件事之後，後續發展如何？」他們可能無法告訴你詳細情況，但是，對這個問題概括性的回答也能讓你對公司文化有所了解。

**自行選擇：**我們強烈建議，如果你覺得公司的工作文化是有害的、欺負人的，或是有任何不適合的地方，不妨就離開。試著先找到另一份工作，讓你的過渡期輕鬆一些，不會失去薪水和福利。我們明白情況可能比較複雜，知易行難，但是你的健康和被尊重的對待才應該是你的首要考量。

## 掌握職場文化的原子技巧總結

- 了解職場文化需要具備情境感知能力。
- 盡可能利用自身的優勢來為他人發聲。
- 注意自己的行為，同時了解你的公司如何處理不良行為。

## 第7章

# 當好隊友的原子技巧

艾黛拉

一位臉色蒼白的病人來到急診室，她感到噁心也一直吐，病人初步的血液檢查結果看來是正常的，護理師來找我說：「她身上散發出血的味道」，這句話引起我們的注意，如果我們沒有出色的團隊合作，後果可能不堪設想。我們因護理師的評論，為病人再做了一次血液檢查，結果發現，她的血球指數確實在下降，這是內出血的一個徵兆，我們立刻為她安排了腹部CT掃描，事實證明我們的擔憂是正確的：她胃部出血。住院醫生立刻打電話給腸胃科和介入放射科醫生，請這些專家來止血。突然間，我們聽到她的家屬喊道：「請來人救救她吧！快點！」病人正吐出大量鮮血和巨大的血塊，噴得衣服和地板上都是。她一直在吐血，團隊知道該怎麼做，也立即採取行動，一大群人湧入病房，我一直聽到有人問道：「我能幫什麼忙嗎？」我有組織地分配了任務，看到每個人為照護她而共同努力，真是令人難以置信。我經常回想起這個病例，特別是她的家人和團隊所受到的驚嚇。這位病人得以存活下來，這無疑歸功於團隊合作的結果。

我們所從事的工作很少是個人表演，功能性的工作環境是協同合作、相互尊重、有條理的組織，而且相互支持。值得一提的是，協作不僅僅是不同人之間機械式點擊按鈕，而是有意識的交流，分享想法、支持彼此，也願意展示脆弱的一面，這也包括富同情心、非語言的暗示，如點頭、鼓掌、眼神交流等。協作使權力互動變得平等，而不是上下階層，讓每個人都有表達意見的機會。團隊之間的互動決定了整體工作氣氛。

那麼，協同合作何時會出現問題呢？當我們不再表現得像團隊的一分子、只關心自己而忽視團隊利益時，就會出現問題。單人任務著重於「我的」工作、「我的」計畫、「我的」升遷機會，一切以自我為中心，而協同合作任務則著重於「我們」的工作、「我們」的計畫、「我們」的提升機會，以團隊為中心。你或許心想：我們可以在照顧自己的同時也支持他人嗎？答案是絕對可以，這不是零和遊戲，也不是相互矛盾的目標，事實上，這些都是相輔相成的，你可以同時照顧好自己和整個團隊。

足球冠軍、《紐約時報》暢銷書作者艾比．溫巴赫（Abby Wambach）在她的《狼群》（*Wolfpack*）一書中強調了感謝他人幫助的重要性：「我這輩子從未在沒有別人傳球的情況下進球過，我所進的每一球都是屬於我們整個團隊。當你進球得分時，最好開始指向那些幫助你得分的人」[1]。她所謂的指向是一個微小的舉動，卻產生巨大的影響力。我們總是要注意到誰處在聚光燈下，誰又是幕後功臣。最重要的是要表達肯定、感謝，然後將聚光燈轉移到團隊其他人身上。

團隊包括哪些人？不僅僅是你直接合作的人，還包括主管、同事，和受你監督的人，也包括行政和輔助人員。儘管我們堅信你的職業永遠不會回報你的愛[2]，但與人建立真誠的聯繫可以帶來更快樂、更健康，和更長壽的生活[3]。

我們在本章提供了九種原子技巧，教你如何成為好隊友。

## 當好隊友的 9 種原子技巧

①向團隊成員表達關心
②讚揚團隊的付出和成果
③建立及加強心理安全感
④與合作者溝通是否需要暫時退出
⑤避免在別人的非工作時間安排會議
⑥身體不適時請病假
⑦提供友善、具體可行的回饋意見
⑧針對特定問題尋求建議
⑨為工作場所帶來正能量



# ①向團隊成員表達關心

## 具體的技巧是什麼？

與團隊會面時，不要總是一開始就談工作。

瑞莎

我曾經待過一個團隊，每週一例行會議開始時，都會進行所謂的「分享近況」（Check-in）儀式。我要感謝一位優秀的急診醫學領導者和親愛的朋友，讓我了解到這個習慣的影響力和成效。開會時，每個人依次向團隊更新上週發生的事情，可以是私人的事、或與工作相關的事、或兩者兼具、或兩者都不是。有些人輪到時選擇放棄機會。起初我自己只會分享公事，久而久之，我開始分享了更多個人的私事，如「我正在努力提升自己烤蔬菜的技術：目前烤的是抱子甘藍菜和花椰菜」，或是「我最近喜歡與某某人聊播客內容」。透過這種近況分享，團隊成員之間彼此更加認識。有些人遲到後，還會急切地問道：「等等！我錯過分享近況了嗎？」我因此開始相信這種做法的成效和重要性，這確實反映了大家喜歡與團隊建立聯繫和分享的方式。

## 我們為何需要掌握這項技巧？

我們希望在工作中感到自在，展現真實而全面的自我。哈佛商學院教授艾美・艾德蒙森（Amy Edmondson）提出了「心理安全感」（psychological safety）的概念，意指人對於冒險或犯錯可能帶來負面後果的感受[4]。Google研究人員收集了幾年的團隊效率數據，他們報告說，有個團隊採取了一項做法，即每次會議開始時分享上週的一次冒險經歷，這使心理安全感評分增加了六%[5]。分享近況和分享冒險經歷都可能凸顯團隊的整體健康狀態，可以發現哪些人需要幫助。人都希望受到重視，而大家都會專心參與的近況分享為每個人提供了時間、空間，和受關注的機會。

## 這項技巧為何難以達成？

- 你或你認識的人不想參與。
- 心理安全感不容易建立，尤其是如果信任曾經被破壞過。
- 在時間有限的情況下，分享近況會影響進度。
- 在惡劣的工作氛圍中，分享近況顯得有點假。

## 培養這項原子技巧的關鍵行動是什麼？

**公告活動：**在會議開始時，說明這項活動：「嘿，大家好，我們可以簡單地分享一下彼此的近況嗎？」如果你不是會議主持人但想要推動這個做法，請先與團隊領導者溝通，只要建議說：「我們在開會之前，可否先讓大家分享一下彼此的近況呢？」

**描述何謂分享近況：**不是每個人都熟悉這種做法，對有些人來說，在工作中進行這種活動可能會感到訝異，不妨補充說明：「你可以分享一些個人或專業方面的事情，兩者都可以，若是什麼都不分享，略過也沒關係。」談論工作可能會覺得比較安心，就先從那裡開始。如果你想要多談一些個人的事，可以分享你最喜歡的書、試過的新餐廳，或是週末做了什麼。可以給大家一個提示：「你最近看過什麼不錯的電影？」或許能幫助那些不太願意分享私事的人。

**分享近況的時機：**在會議開始時進行個人近況分享是最理想的，但也可以在休息時間或會議結束時進行，最重要的是要確實執行：讓大家開始將之視為穩定的依歸。如果有人遲到且錯過了分享近況，一定要回頭跟進。值得注意的是，並不一定要每次會議都進行，特別是在截止日期逼近或議程滿滿的會議中可省略，然而，當有時間且工作比較沒有壓力時，不妨將之納入到例行和臨時會議中。

**追蹤關注事項：**分享個人近況有助於建立親近感，有時也會引起警覺。不妨相信自己的直覺，進一步與某人私下溝通。如果有人一再拒絕分享任何事，這可能代表你應該在會議結束後找對方私下談談：「你對分享近況一事感覺如何？你還好嗎？」如果你不想單獨處理這個問題，不妨和對方的主管或信任的同事討論你的擔憂。在這些情況下，盡可能越少人參與越好，並保持機密。

**安排時間個別追蹤：**在遠距工作的環境中，直接與同事面對面交流變得越來越少見。安排簡短的一對一線上會面或直接發送訊息，簡單地問候和關心一下，感覺應該就像是親自走到同事辦公區打招呼一樣。隨時保持互動：如果你看到同事正好有空或放鬆的時候，不妨走過去打聲招呼。在虛擬世界中，不妨問問：「我們下次可以在會議之前或之後的十五分鐘聊一下嗎？」

**留意外表的變化：**邋遢的個人外表和衛生不良可能是個敏感的話題，例如，或許代表缺乏穩定住房或洗滌用品。突然不在乎個人衛生或外表的打理，可能是有憂鬱傾向或其他問題的徵兆[6]。帶著同理心單純問候一下：「嘿，我想關心你一下，也許我誤解了，但我發現你最近的外表有些變化，一切都好嗎？」要謹慎處理這種問題，我們所指的是有人顯然不再好好照顧自己的情況。

# ② 讚揚團隊的付出和成果

## 具體的技巧是什麼？

說出人名並慷慨地給予表揚和歸功。

艾黛拉

對我來說，在急診室工作最困難的一部分，是處理因病逝世的兒童患者。每一次的死亡，尤其是兒童的，都令人難忘，深深地影響著我。我還記得有一個令人心碎的案例，一名年幼的孩子在紐約市一家便利商店外遭到槍擊，他穿的羽絨外套因槍擊爆裂，羽毛散落在他全身。護理師和醫生們正在給藥並進行心肺復甦術時，一名年輕的技術人員則清理著黏在他裸露皮膚上的外套材料。我看著她，知道她意識到孩子的父母很快就會來看到遺體，我清楚記得那個場景：她站在那裡，小心翼翼地剝下每一根羽毛，清理他血跡斑斑的皮膚。團隊在討論這位病患的急救和死亡過程時，資深醫師將焦點放在這位技術人員身上：她所做的事、她為患者帶來的愛與人性關懷以及她對家屬的尊重。那時，我已經看過許多的團隊回顧討論，但我從未見過她的職責受到如此公開的認可。

## 我們為何需要掌握這項技巧？

表揚團隊成員可以展現出感恩和謙卑的態度，這不僅僅是風格，更是一種科學：懷抱感恩之心與更好的健康、快樂感和睡眠品質息息相關[7]。讓他人感覺良好有助於建立自身正面的情緒，也會提升別人對你的看法和評價。我們希望你被認為是個可靠、有抱負又勤奮的人，也希望你以樂於分享功勞的形象而聞名。

## 這項技巧為何難以達成？

- 你可能更傾向於首要關注自己，而非顧及他人。
- 不是每個人都知道如何支持團隊。
- 有害或競爭激烈的工作環境可能會助長競爭，並抑制慷慨程度。



## 培養這項原子技巧的關鍵行動是什麼？

**重視「團隊」而非「自我」：**詞語選擇很重要。在大多數情況下，你可以用「我們」，因為工作任務很少是完全由個人完成。我們知道有時候你可能獨自承擔了大部分的工作，我們並不想貶低你的辛勞，然而，一般來說，總是會有值得感謝的人。

| 以自我為中心 | 以他人為中心 |
| --- | --- |
| 「開始這項專案時，我投入了許多時間，很高興我終於完成了。」 | 「雖然我負責管理這項專案，但這是我們整個團隊一起集思廣益，召開多次會議，大家共同完成的。」 |

**收集名單：**在提及功勞之前，請先三思，想一想所有協助你達到目標並取得成功的人和機制。查看本書末的致謝部分！請注意不要抹殺其他弱勢者

的功勞，他們的貢獻通常很容易受到忽視[8]。

**表達感謝：**無論透過什麼方式，都要點名感謝他人或團體。大聲說出來、寫電子郵件，或寄一封信，讓他們的主管知道。

**接受讚美：**跟讚揚他人一樣，自己也要學會坦然接受讚美，簡單說聲「謝謝」就夠了，或是可以補充具體的感謝事項，例如：謝謝你對我的投影片設計給予的正面評價。與他人分享功勞不代表你要否認自己應得的功勞。

**持續向團隊通報最新進展：**團隊工作的其中一部分就是讓大家了解最新情況。在與團隊分享訊息時要慎重，要納入成員，不要忽視他們。必要時告知發生了什麼事並解釋原因，這樣可以使團隊保持聯繫且步調一致。

# ③ 建立及加強心理安全感

## 具體的技巧是什麼？

積極營造團隊凝聚力，讓每個成員都有歸屬感。

瑞莎

我正在急診室裡輸入一位病人的病歷，此時心電圖技師走到我桌子旁說道：「盧伊斯醫生，十號病房的病人每天都在說胸口痛，我去給他做心電圖，他竟然用帶有歧視意味的〇〇〇來稱呼我，如果他再這樣叫我，我就不要再為他做心電圖了」。這位心電圖技師出生於千里達，已經在美國生活幾十年了，我們一起在急診室團隊中共事多年，我謝謝她告訴我這件事，起身走到病人床邊。病人的情況穩定，沒有胸痛或不適，面帶微笑跟我打招呼，「嗨，醫生！」我們是同一種族的。「X 先生，我是盧伊斯醫生，心電圖技師告訴我，你叫她〇〇〇，你真的這樣叫她嗎？」他似乎感到吃驚，慢慢地點了頭。「X 先生，我們這裡不允許這種言行，如果你覺得你沒辦法尊重別人，不能克制自己不要說些不恰當、不可接受、又不尊重人的話，那就要請你去別的急診室了，你明白嗎？」他緩慢地搖頭表示同意。我請另一位技師去給這位病人做心電圖，評估結果正常後，病人被安排出院。每當病人的言行不當時（如違反最低限度，妨礙他人履行職責），都會造成心理上的不安全感。我並非總是能在當下挺身而出，也常常會措手不及，但我告訴自己不該這樣，因為這類行為經常發生，因此，我隨時留意，保持高度警覺，在發生狀況時立刻採取行動，我覺得自己有責任創造團隊的心理安全感。

## 我們為何需要掌握這項技巧？

當我們感到安全、也能集中時間和精力時，就能有最好的工作表現。什麼事情可能會打斷和干擾這種專注力呢？遭受偏見、歧視、輕微的侮辱、冷嘲熱諷、騷擾、侵犯、不專業的笑話等等。我們心裡感到不安時，就會保持警戒因而分心，精力會被轉移去應付可能不友善的工作環境，換句話說，很難專注於手邊的任務，也無法表現出最佳水準。

## 這項技巧為何難以達成？

- 你沒有意識到自己的特權，你或許在工作中非常自在，也沒感受到威脅，可能沒有注意到別人有不同的經歷。
- 你注意到了，但在當下措手不及，不知道如何為人挺身而出。
- 你覺得控管或監督他人不是你的責任。
- 你為人挺身而出，因而直接或間接地遭到報復。

## 培養這項原子技巧的關鍵行動是什麼？

**尋找盟友：**找出自己可以信任的人向來都是很重要的，此人可能來自你的團隊，或是你私人顧問團的一員，也可能是同公司不同部門的人。如果你覺得公司內部沒人可以信任，那就向外尋找支持。需要為別人挺身而出時，你也應該知道有誰會站在你這邊。

**從好奇心出發：**如果你想要處理任何危害他人安全感的狀況，不妨就從好奇心開始：「我想了解是什麼原因促使你對我們的同事做出那樣的評論？」或是「我很好奇，你能解釋一下那個笑話嗎？」這開啟了討論的大門。在他們解釋之後，你可以說明那些評論讓人感到不安或不舒服的原因。

**謹慎使用俚語和口頭禪：**世界正在進步，願意包容和接納不同身分和觀點的人，有些俚語或口頭禪的使用可能會破壞這種包容，因為其中許多用語起源都有負面歷史。我們在此要強調同情心，你可能經常說一些話，但完全不知道那有冒犯之意，例如，「唬爛」（peanut gallery）、「超瞎」（blind spots）或「很 low」（low on the totem pole）。當你被告知某個詞語為何有害時，只需說：「很抱歉，我不知道，謝謝你告訴我，今後我會盡量避免說出這樣的話。」

**留意困難對話的語氣：**私人話題可能容易挑起敏感情緒，因此要特別注意對話的語氣和內容，是否有人提高音量、用了不太友善的措辭？評估肢體語言，雙臂是否交叉、是不是在翻白眼？對方是否臉色蒼白、臉紅或冒汗？如果以上任何情況引起擔憂，不妨暫停一下，深呼吸，並確定在合適的時間進行對話。

**關心問候：**當某個評論影響到團隊成員時，回頭關心一下是很好的，問問他們的情況：「你還好嗎？」或是「我們可以做些什麼讓你感受到更多的支持呢？」之後再問：「自從上次我們交談之後，你過得怎麼樣？」

**權衡利弊：**報告工作安全疏漏可能會帶來負面後果，例如報復、被排擠，和社交孤立。著名研究者珍妮佛·弗雷（Jennifer Freyd）描述所謂的「體制背叛」（institutional betrayal），意指工作環境未能保護舉報者，或未能給予支持或保障時所發生的情況[9]。考慮到這種風險，請相信自己的直覺，必要時，不妨諮詢公司外的朋友或同事。

**掌握舉報的方式：**請教值得信賴的同事。在打電話或書面通報之前，先了解舉報流程，以便確保你聯繫到相關人員，可能是報告給單位主管、匿名舉報熱線、性別平等辦公室、職業倫理辦公室、調解人員，或人力資源部門。請相信我們：在舉報之前，務必三思，尋求關於措辭、傳達方式和時機安排等可信賴的指導。你還需要確認發送訊息的對象，這聽起來或許有些多疑，但你一旦提出了指控或投訴，就不容易撤回了。

## ④與合作者溝通是否需要暫時退出

### 具體的技巧是什麼？

當有人未能履行自己的職責時，要知道何時以及如何給對方提供退路。

瑞莎

給人一條退路是個強而有力又慷慨的幫助，我永遠忘不了自己第一次被提供退路的經歷。一位同事打電話給我，問我是否願意組織一個醫學教育研討會，日期就訂在我們首次對話的六個月後。我答應了，但很快發現我對於時間表和應交付任務有所誤解。在我同意承擔這項工作後，他們開始不斷發送電子郵件、提醒，並要求近況更新。我感到很困惑，確信在溝通上出了問題。儘管如此，由於我未能按照他們的期望交付成果，他們問我是否想要退出，經過考慮之後，我接受了這個選擇。事情一開始就不順利，我知道我無法滿足他們的期望，我自己以前從未碰過這種情況，通常也沒有見過這種策略被採用，更別提有人會接受這種提議。因此，不難想像我的同事感到驚訝。我認為他們的提議非常體貼，而我的接受是個明智之舉，這給了我一條退路，同時也讓他們有機會找到其他人完成任務，並滿足他們的期望。自從那次經歷以來，當我感覺到事情不對勁時，都會慷慨地給人提供出路的選擇。

## 我們為何需要掌握這項技巧？

我們所謂的「給別人一條出路」意思是提供一種方式，讓人從計畫中抽身、解脫，或自行退出，而不會承受負面後果，讓人優雅地離開。顯然，如果工作一直停滯不前，就需要檢查並介入處理。但請記住，團隊成員若出現不尋常的進度落後，可能是有原因的[10]，因此需要保持敏感度和好奇心，而非批判。介入處理也許不是你的職責，而是團隊領導的責任[11]。如果有人未能擔起應盡的責任，可能會對團隊造成不公，引起怨恨或士氣低落，特別是如果這種行為持續存在且未受到處理。

## 這項技巧為何難以達成？

- 你分心了，忘了與進度落後的人溝通。
- 你不是負責人，因此不太願意與此人討論這種敏感話題。
- 你寧願避免衝突，乾脆自己完成工作。

## 培養這項原子技巧的關鍵行動是什麼？

**收集具體的實例和數據：**保留你對於某人可能需要退路的假設或推測。收集客觀數據不是為了強調任何觀點，或讓任何人難堪，而是為了確保你掌握具體的事實依據，例如錯過截止日期、未回覆郵件、放棄專案計畫。提供具體實例會比空泛之說更有利於對話溝通。

| 主觀又較沒成效 | 客觀又較有成效 |
|---|---|
| 「我想了解一下，你對這個計畫有什麼看法？」 | 「我想了解一下，我們在前三次會議上都沒看到你出席，我也注意到你不再參與我們的線上討論。」 |

**設計對話方式與內容：**請求與對方私下溝通，並決定最適合的方式，例如面對面、講電話，或視訊會議。簡訊文字和電子郵件存在風險，因為可能會無法傳達語氣和情感。不要在感到沮喪或心懷怨恨時進行對話，給自己一點時間處理情緒。從好奇心和善意的角度出發，真誠地探索某人進度落後的可能原因。由於對話內容比較敏感，會使人產生防禦心理，建議你先獨自排練對話、大聲說出來，或與信任的人一起練習。

**溫和地探詢並真心提供建議：**不帶敵意地詢問對方：「你最近還好嗎？」評估是否有任何因素阻礙他們完成任務。試著判斷他們知不知道自己在拖延進度：「不知你有沒有注意到已經錯過了一些截止期限？我想確保一切都沒問題。」有些人可能並不自覺，但大多數人沒有盡到自己的職責時都會感覺很內疚。說一些對你而言感覺真誠、不帶懲罰或批判意味、友善的話，試著表達：「我知道每個人都可能有進度落後的時候，我只是想了解怎麼樣才能幫助你。」

**提供出路：**真誠且不帶批判地提供出路。「我想給你一條出路，讓你有機會退出這個計畫，專注於其他需要你發揮長才的地方。」討論該如何處理，確保對方不會在公開場合感到尷尬，不要讓對方負擔填補空缺或找到替代人選的責任。

**後續追蹤：**無論如何，都要進行後續追蹤。如果對方接受了出路，當你再次跟他們聯繫時，不要小題大做。如果對方選擇繼續參與計畫，不妨隨時更新進展，問他們自己打算如何負責後續工作，例如，「我們可以設定一些里程碑，並在兩週後查看進度嗎？」

## ⑤ 避免在別人的非工作時間安排會議

### 具體的技巧是什麼？

尊重別人的私人時間。

艾黛拉

我受邀參加平日晚間的一個座談會，諷刺的是，討論主題正好是健康和工作與生活平衡。我對成為座談會成員感到矛盾：我又想幫助他人，又對這個時段感到懊惱。我準備好登入座談會時，聽到我的孩子們在緊閉的房門外哭泣，一直試圖打開門，我真的用梳妝台擋在門口，防止他們進入。已經快到睡覺時間了，孩子們需要我，我聽到他們在門外敲打喊叫：「媽媽，讓我們進來。」我發現自己對參與者說：「真不好意思，我的孩子一直在外頭哭鬧。」話才剛說完，主持人就問我：「蘭德瑞博士，妳能分享一下自己如何平衡家庭與工作嗎？」真是尷尬的時機。對於任何人來說，包括我自己、孩子和座談會的人，我都沒有全神貫注。就在那一刻，我領悟到這是一個糟糕的選擇。如今，我很少參加晚間會議了。

### 我們為何需要掌握這項技巧？

要改變長期存在的工作文化並不容易，醫學界總是在清晨和深夜舉行會議。我們知道有時候團隊需要在非工作時間開會，如跨時區工作、應對緊急情況等等。然而，非工作時間的會議不該成為常態。《雅典娜憲章》是個塑造和鼓勵工作環境更具公平性的框架，建議會議應該安排在週間的早上十點到下午四點之間進行[12]。清晨會議對我們的身體健康、家庭責任、精神專注和工作投入都沒有益處[13]。晚間和週末的會議也會干擾到我們單獨或與家人共進晚餐和休息的時間。不只是清晨不宜安排會議，快到下班時間、週末和假日也不適合安排會議。

## 這項技巧為何難以達成？

- 有人告訴你：「噢，我們向來都是這麼做的。」
- 領導者可能沒有意識到這種做法是不健康的，往往會給那些負擔更多家庭責任的人帶來更大壓力。
- 批評不合理的工作時間並不容易，可能會遭到報復。

## 培養這項原子技巧的關鍵行動是什麼？

**將會議時間延後一小時：**額外的一小時對許多人來說，都很重要，是寶貴的私人時間，如健身、早晚的例行公事（例如吃早餐、喝咖啡、遛狗）、照顧孩子和老年人等。

**精簡會議出席者名單：**這些人真的全部都有必要出席嗎？或許並非如此。只邀請真正必須參加的人，可以節省大家安排行程的時間。

**時段輪換：**如果你的團隊跨越多個時區，尤其是跨國的，不妨安排時段輪換，以便分擔清晨或晚間開會的負擔。如果有人在清晨或晚上有無法變動的事務，不妨考慮調整到中午開會，以平衡各方需求。

**錄下會議過程：**分享會議錄音，供團隊稍後收聽。

# ⑥ 身體不適時請病假

## 具體的技巧是什麼？

優先考慮自己的健康狀況。

瑞莎

對許多醫生來說，因病請假是個陌生的概念，我們通常不會這樣做，就職場文化而言，這被視為「軟弱」的表現。在二〇二〇年疫苗問世之前，我感染新冠肺炎，感覺像是得了流感：疲倦、發燒、全身痠痛，再加上完全失去嗅覺和味覺，根本沒辦法上班，根據醫院政策，我必須待在家裡，我確實感到羞愧，感覺好像有點對不起自己、團隊，和整個醫學界，因為生病，我不得不連續請幾次病假，這代表值班醫生必須接替我的工作，當然，他們是有薪水可領的，也知道隨時待命是工作的一部分，但在新冠疫情之前，這種情況是罕見的，醫生從不請病假是一種愚蠢而自虐的榮耀勳章。然而，自疫情爆發以來，醫生們開始對這種職場文化提出異議。我認為這是朝向自我照顧和對病人更妥善護理的一種健康趨勢。

## 我們為何需要掌握這項技巧？

每個人都會有身體不舒服的時候，包括感冒、運動傷害、懷孕引起的噁心，或慢性疾病。當身體限制我們的工作能力時，就需要好好休息。我們越是關注自我保健，未來的世代就會看到這變成職場中的常態，不會再害怕為自己發聲，因為生病時不工作將成為標準做法。新冠疫情大大改變了我們對於在工作時生病的看法。美國疾病管制與預防中心（CDC）等國家組織和專家指示員工，如果身體不適就該留在家裡。這種支持改變了自我照顧的做法[14]。長期新冠疫情也讓我們體認到，人並非總是能從疾病中完全康復。在二〇二〇年至二〇二二年之間，感染了新冠病毒的人，有一八%的長期患者一年或更長時間無法返回工作崗位[15]。

## 這項技巧為何難以達成？

- 改變文化並不容易：你的行業一直在灌輸生病工作代表「堅強」，而請病假是「軟弱」的表現。
- 你不喜歡增加同事的工作負擔。
- 你擔心會因為請病假而受人議論。



## 培養這項原子技巧的關鍵行動是什麼？

**了解病假政策：**檢視你的福利，了解雇主提供的病假天數和適用的病假範圍：通常你可以因需要照顧孩子或父母而請病假，但最好查看一下公司政策的具體細節。請教你所信任的同事：如果有人超過了允許的病假天數，會怎麼樣？

**支持因生病請假的同事：**無論你是團隊領導還是成員，都應該在會議上表達，如果有人因病無法工作，應該請病假：「你好好休息，早日康復，我們會協助處理你的工作」，這樣的表態表現出極大的支持和關懷。如果你因為幫助團隊成員而受到譴責，這可能是你公司工作文化的一個警示訊號。

**生病時應該以身作則：**我們知道許多人在急診室輪班時，手臂上插著靜脈輸液管、吊著點滴藥水，或是有偏頭痛、晨吐、食物中毒還來工作。我們不贊成這種行為，如果你因生病無法工作，就該待在家裡，與單位主管商量，請幾天的病假，這就是病假制度存在的意義。

# ⑦ 提供友善、具體可行的回饋意見

## 具體的技巧是什麼？

提供實用的回饋意見。

瑞莎

提供回饋意見需要練習，我確實也曾經搞砸過。有一次，教職人員在討論一位住院醫師，說她對病人的護理雜亂無章，缺乏組織，同事無法依靠她完成任務。我接下來和她一起值班時，在醫師辦公桌旁毫無脈絡地開始了一場對話，我說：「今天給妳的關鍵字是專注。」她一臉茫然地看著我問道：「這是什麼意思？」我解釋說：「盡量不要一次執行太多任務，在妳處理完其他病人的護理工作之前，不要接收新病人。」她還是很困惑地盯著我，顯然，到目前為止，沒有人跟她提過這個問題，我的建議突如其來。對我來說，這是一次重大失敗，因為我沒有提供任何背景資訊、沒有事先準備，也沒有對話的參考框架。現在回想起來，我應該事先告知，挑更好的時間和地點，讓對方有心理準備，確保雙方都處於良好狀態。

## 我們為何需要掌握這項技巧？

**這種情況是不可避免的：**有人會想請你提供回饋意見，或是，由於你的職位或工作中發生的某些事情，即使沒人要求你也得表達看法。不一定要是團隊領導，任何人都可以隨時向別人表達意見。有時，回饋意見可透過問卷調查而間接提供，而不是進行一對一的對話。提供意見是團隊成長的重要方式，因為你提出了重要的見解。當我們學會解析自己的觀察結果，加以重新包裝，讓他人易於接受，也能夠促進自我成長。

## 這項技巧為何難以達成？

- 你不確定該如何開始、如何有效地進行，和如何應付可能變得棘手的對話。
- 籠統的說法讓人比較自在，而具體的回饋意見可能難以表達。
- 你不認為提供回饋意見是你的工作職責。

## 培養這項原子技巧的關鍵行動是什麼？

**提前告知：**並非所有的回饋意見都是正面的，如果你需要進行棘手的對話，確保對方能夠真正理解並接受你的意見，事先讓他們了解談話的目的，不要讓他們覺得莫名其妙。最好是面對面或視訊溝通，這樣你們都可以互相看到和聽到對方。

**事先練習：**這些對話可能並不容易，找朋友、教練、值得信賴的同事、導師，或是你見過做得好的人一起練習。進行角色扮演，琢磨你的措辭，可以幫助你澄清想傳達的內容。

**以問題開場：**這會讓對方更容易敞開心扉，對你和這個話題感到自在，例如：「你覺得自己的表現如何？你對什麼事感到好奇？」或是「你希望改進哪些地方？」

**從小處著手：**選擇一個具體的領域，給予實用的回饋意見，要具體一點，並提供明確的例子，「實用」意指問題是能加以改善的，例如，讓人可以提升開會的效率，或溝通時間表的能力，而不是無法改變的膚色或年齡問題。

**避免帶有偏見的回饋意見：**隨著職場的多元化，新的行為、標準和期望也隨之而來，這些差異讓我們得以分享個人獨特的觀點或意見。在給予回饋意見之前，先問問自己，我即將傳達的訊息是否根植於偏見和我對傳統規範的偏好？如果你不知道答案，不妨先暫停下來，擱置這個過程，並與信任的同事討論最佳做法。

**融入一些正面觀點：**不是每個人在深入討論細節之前都需要很多正面的回饋；然而，根據你對某人表現的觀察，一些真誠且有意義的正面觀點可能有所幫助。避免在當中夾雜負面意見：「針對你的溝通方式，我要給你一些回饋意見，我也希望你知道，整體而言，我認為你表現得很好。這裡有個具體的例子，顯示你需要改進的地方。」

**留意問卷調查：**請記住，問卷調查是向團隊、主管或公司高層提供非同步回饋的絕佳方式。然而，在這個過程中保持尊重是必要的，同樣重要的是，你要知道哪些意見是受保密的。保密問卷可能透過多種方式追溯到你身上，匿名問卷則受到更多的保護，代表無法追溯問卷填寫者的身分。在填寫之前先問清楚：這個問卷調查是機密還是匿名？

**必要時會面改期：**如果你或是對方還沒準備好，那麼就改期，並確保及時回應對方，不要讓時間拖太久。回饋意見通常是具有時效性的，因為記憶可能會減弱，如果必須等待一段時間，不妨及早把細節記錄下來。

# ⑧ 針對特定問題尋求建議

## 具體的技巧是什麼？

如果你希望提升特定技能，不妨特別請求相關的回饋意見。

艾黛拉

我曾和一位積極的急診醫學住院醫師艾利斯特．馬丁（Dr. Alister Martin）一起工作。在我們開始值班時，他說：「蘭德瑞醫生，今天我想要改善我的病歷記錄，妳介意在當下檢視我的筆記並提供回饋意見嗎？」在第二次輪班時，他說：「妳能觀察一下我與病人交談的方式嗎？」到了第三次輪班時，他表示：「我今天想要提升我和醫學生溝通時的教學技巧。」他要求明確特定的回饋意見使我的工作更輕鬆，我事先就知道任務，而不是等到輪班結束後才問，這有助於引導我的觀察方向並集中注意力。

## 我們為何需要掌握這項技巧？

請記住，你自己決定對工作的參與程度。據報導，四三％的高參與度員工每週至少會收到一次回饋意見，而低參與度的員工只有一八％[16]。保持好奇心，投資自己的成長和工作學習。道格拉斯．史東（Doug Stone）和席拉．西恩（Sheila Heen）的著作《謝謝你的指教：哈佛溝通專家教你轉化負面意見，成就更好的自己》（*Thanks for the Feedback: The Science and Art of Receiving Feedback Well*）的基本前提是，我們應該主動要求回饋意見、抱持開放態度，並虛心接受，而非只是專注於提供回饋[17]。要徵求具體明確的意見，如：「我該怎樣才能改進我專案進度報告的方式？」對你的團隊來說，比起籠統地問道：「你能給我一些建議嗎？」具體一點會讓人更容易提供意見。在醫學界，醫學生可能在值班結束時問：「我的表現如何？」我們可以回答；然而，少了具體的方向，會比較難以回答。

## 這項技巧為何難以達成？

- 你不喜歡請求回饋意見，因為覺得會增加別人的工作負擔。
- 如果你怕聽到別人的批評，沒做好心理準備，就很難向人尋求回饋意見。
- 你總是忘記要求回饋意見，或是無法適時地提出請求。

## 培養這項原子技巧的關鍵行動是什麼？

**選定事項、要求具體回饋：**專心選定一個具體的技能或任務，無論是什麼主題，明確指出你希望改進之處。

| 不夠明確 | 比較明確 |
| --- | --- |
| 「你覺得我在為心跳停止的病患急救的過程中表現如何呢？」 | 「我在進行急救時，你能聽清楚我的聲音嗎？我主導的心肺復甦夠明確嗎？我是否有效地組織了團隊工作？」 |

**盡早提出請求：**不要等到會議、簡報或工作結束後才要求回饋，最好早一點提出請求：「我想了解自己主持會議的方式，你能否加入觀察並給我意見呢？」我們了解觀察的運作方式，其中有一種現象稱為「霍桑效應」（Hawthorne effect），我們尊重其研究結果：如果你知道自己正被觀察，你就會改變自己的行為。在這個例子中，具體一點將給觀察者一個關注的焦點。我們希望你能展示出自己最好的一面，讓別人來評估。

**探究含糊的回饋意見：**請記住，並不是每個人都能夠自在或流暢地表達回饋意見，這可能只有事後才會顯現。回饋意見可能會含糊不清，或缺乏具體可行的事項。你可以含蓄地追問更多細節：「你能否詳細說明為什麼你認為我的報告很好？有沒有哪一方面是你認為還不錯的？」

**重新評估無用的回饋意見：**你可能不認同所聽到的意見，或不信任訊息來源，請記住，你不必對每個人的回饋都採取行動，有些意見也許太過籠統，缺乏具體實例，也許是主觀的，或是與其他人的看法不一致。隨意聽取他人的意見，感謝他們的回饋，稍後再重新思考是否有任何有價值的內容未來可以採納。但請記住：如果你聽到某件事，請自我反思，看看自己是否處於防禦心態、對某些有益的意見抱持排斥態度。

## ⑨為工作場所帶來正能量

### 具體的技巧是什麼？

體認到持續冷漠或消極態度所造成的影響。

艾黛拉

每年我都會與兩位非常支持我的主管進行年度考核，他們會審查我的績效指標，例如我每小時看診的病人數，和我負責照護的病人在急診室停留的時間長短。一切的數據都會和我同事的一起進行比較，呈現一個鐘形曲線，每年我都恰好落在中間。在年度考核會議上，我透露除非他們擔心我的表現，否則我對加快速度沒有太大興趣。我不想加快速度的原因是，在急診室閒暇的時候，我喜歡與團隊社交互動，會與技術人員、護理師和住院醫師聊聊近況，我也喜歡了解我的病人，深入探索他們的病史，我們會一起歡笑，分享孩子的照片，聊聊餐廳和園藝，這一切都讓我們彼此感到很自在，溝通更加順暢。這種士氣的提升也有助於我們更妥善地照顧病人，因為我們充滿活力，也享受工作。我的書面回饋總是看到我在值班期間提升工作氛圍的評論，同事都期待與我共事，我認為這主要源於我在工作中保持積極態度。

### 我們為何需要掌握這項技巧？

即使在最糟糕的時候，工作中也能保持積極的態度。通常，無論是什麼情況，都可以找到至少一件正面的事，就算只是說好在咖啡機還能用，也能照亮陰暗的情緒。重點是，我們並不要求你做作，而是希望你審視周圍的情緒和士氣，兩者都會影響到個人、團隊和工作。雖然讓每個人開懷大笑不是你的責任，但積極態度是我們可以給予他人的一份禮物。

## 這項技巧為何難以達成？

- 這不符合你的本性。
- 你認為積極態度等同於幽默、愛交際的性格。
- 你覺得這很耗費心力和時間。
- 你認為增添歡樂和積極態度好像有點虛偽。

## 培養這項原子技巧的關鍵行動是什麼？

**轉移注意力：**我們所謂的抱持積極態度，指的是誇獎別人做得好或說聲恭喜，重點在於保持士氣高昂，讓人總是懷抱希望，這也是一種控制負面情緒而不陷入其中的方式。人很容易陷入消極、沮喪和憤世嫉俗的心態，當你注意到自己陷入時，就要打破這種惡性循環。

**降低標準：**在工作中保持積極態度並不代表要娛樂別人或耍寶，我們只是希望你了解，喊一些小口號（如「我們做到了！」）會讓團隊明白他們的努力工作得到了認可。我們明白這可能會讓有些人感到疲憊和耗盡精力，因此建議你只在行有餘力和時間寬裕時才考慮這麼做。

**保持真誠：**有時候你可能感覺很消極，不管再怎麼努力想說出振奮或激勵人心的好話，你都做不到。我們不希望你加深個人或人際關係的壓力，這不是要你戴上假面具。

## 當好隊友的原子技巧總結

- 挺身而出，為自己和團隊創造心理安全感。
- 與同事一對一的交流，深入了解彼此。
- 彼此相互支持與關懷：生病時打電話請假，並勇於表達立場。

# 第8章
# 擴展人脈的原子技巧

瑞莎

在我剛進入職場時，對專業人脈的重要性一無所知，甚至不知道自己也有人脈。那時我是一名醫學生，就在那個月我決定專攻急診醫學，那些醫生展現了我所追求的形象特質，包括有智慧、富同情心、勤奮、踏實以及能夠應付各種情況。其中一位住院總醫師讓我留下深刻印象。他工作非常有效率，將急診室任務安排得井井有條，也把病人照顧得很好。我從來沒見過他不善良、不幽默或沒專注力。多年後，我在某個場合又遇到了他，我重新自我介紹，並分享了他帶給我的影響。那一刻我領悟到，在費城與他並肩工作的四週裡，以醫學生的身分從旁協助治療受刀傷或槍傷的病患、陰道出血的孕婦、因酒醉跌倒造成頭部受傷的患者，這些經歷創造出一種革命情感，我們成了彼此人際網絡的一部分，他曾向我尋求超音波診斷的建議，我也曾向他請教領導能力和團隊管理的問題。在疫情期間，我們互相打電話聯絡，關心對方的近況，分享彼此的經歷和保持健康的方法。

你的人脈意指與對你有意義的人所建立的關係。相信我們，你已經有一些人脈關係，這是在你小學之前就開始了，一直持續發展至今。也許你並未和每個人保持聯絡，或是他們沒有和你一樣的職業發展，但重點在於，你的人際關係並不是從零開始，你有一個基礎，而這個基礎來自家人和朋友。

在職業生涯的早期，我們參加了各種座談會和講座，聽取有關建立人脈的好處，演講者會說，擁有這樣或那樣的人脈改變了他們的人生。在會議結束時，大家發出了行動呼籲：出去建立人脈！但沒有人討論怎麼做到這一點。我們需要的是一個具體、逐步的指南，告訴我們如何建立、培育和擴展人脈。

擴展人脈關係並不是隨著時間而呈線性發展，有些關係是自然而然形成；有些則需要積極努力的培養，這不是表面上收集名字和聯絡資訊，我們希望你真正與那些你可以打電話問問題、尋求建議、甚至只是純聊天和交流的人建立聯繫。你的人脈關係可以幫助你成長、學習，和填補你的不足。請記住，你也有很多特長可以回饋對方。

許多人對於建立人脈一事有所猶豫，他們心想：我都不知道自己人生目標是什麼，還需要從他人那裡尋求什麼建議呢？這個問題阻礙了初入職場的專業人士向前邁進。我們想要扭轉這種心態，你並不需要等到很清楚自己的職涯目標才開始建立人脈。事實上，我們的學員經常問道：你是怎麼決定要專注什麼方向的？我們都會分享人脈關係對於我們的職業發展有多大的幫助。

在本章中，我們將討論實現和擴展人脈關係所需的八項原子技巧。

## 擴展人脈的 8 種原子技巧

① 了解自己的人脈擴展需求

② 明辨對話和承諾的區別

③ 克服人際交往的不安感（針對內向者）

④ 建立有意義且長久的人際關係

⑤ 善用現有的人脈來擴大社交圈
⑥ 向他人展現自己的專業能力
⑦ 避免社交失禮行為
⑧ 分享自己的人脈以幫助他人

# ① 了解自己的人脈擴展需求

## 具體的技巧是什麼？

了解建立人脈將如何幫助你取得事業成功。

艾黛拉

幾年前，我聯繫了我的系主任麥克·范魯延醫師（Dr. Mike VanRooyen），那時候，我的人脈圈很小，我告訴他我想認識一些資深的黑人女性主管，無論是哪種領域的都可以，我的目標是找到與我背景相似、知道如何當主管的女性，我不需要與這個人合作，不需要她聘請我，也不是要尋找潛在客戶，我只是想從他推薦的人選那裡學習領導。他建議我與寶拉·強森醫師（Dr. Paula Johnson）會面，她是一位非常出色的主管，取得非凡成就：她曾是哈佛醫學院的醫學教授、哈佛陳曾熙公共衛生學院（Harvard TH Chan School of Public Health）的流行病學教授，在我們初次見面時，她是衛斯理學院的校長，她給我提供了許多深入的見解和明確的想法，讓我體認到黑人女性在職場上也能很有成就。

## 我們為何需要掌握這項技巧？

人類是社會性動物，工作環境需要社交互動和參與。儘管有可能，但如果沒有別人的幫助，想要取得成功是極具挑戰性的。當你有人可以請益時，確實會帶來豐厚的回報。為什麼呢？因為他們會引導你正確的方向、讓你有責任感、教你謙虛之道，或許最重要的是，你也會以行動報答他們的幫助。

## 這項技巧為何難以達成？

- 你認為建立人脈很花時間，而且沒什麼好處。
- 社交聯誼讓你感覺不自在或做作。
- 你認為自己目前的人脈已經足夠。
- 你沒有體會到透過人脈來幫助他人的好處。

## 培養這項原子技巧的關鍵行動是什麼？

**了解他人如何透過人脈關係獲益：**從你的好朋友、家人和同事那裡找靈感。事實上，即使是一封簡訊也可以開啟這個話題：「我正想要了解建立人脈的好處，可以分享一下你的經驗嗎？」為了給你一些啟發，我們請教了一些專業人士建立人脈如何幫助其職業生涯，以下是他們的說法：

| 姓名 | 身分 | 建立人脈的好處 |
| --- | --- | --- |
| 艾莫麗娜·洛佩茲（Amorina Lopez）法學博士 | 醫療疏失律師 | 我認為最近最重要的一個實例是，由於多年來建立和培養的人際關係，使我能夠輕鬆地找到新工作，從一家律師事務所順利地轉換到另一家。雇用我的合夥人是我的朋友，多年來我們一直在不同的研討會和活動場合互動交流。 |

| 姓名 | 身分 | 建立人脈的好處 |
| --- | --- | --- |
| 周珮鈴（Peilin Chou） | 奧斯卡金像獎電影製片人入圍者 | 我必須承認，「建立人脈」這個概念從來沒有真正吸引過我，尤其是在好萊塢職業生涯的早期，我總是對那些每天積極安排各種餐會、想辦法和許多人見面拓展關係的人感到驚奇。我看得出來這讓他們充滿活力，但對我來說，我只感到精疲力竭，甚至懷疑自己在這麼依賴關係和人脈的行業中是否能夠成功。我剛進入這個行業時，幾乎不認識任何人。<br>在我的職業生涯中，我發現自己以更緩慢、更自然的方式建立最牢固的人脈關係，主要都是那些與我共事的人，大家分享著共同的熱情、價值觀或信念，無論是對於彼此認為有必要傳達的故事的熱愛，還是對故事敘述代表的重要性有共同熱切的信念，這些都是建立長久且有意義的關係基礎。 |
| 海蒂．梅塞爾（Heidi Messer）法學博士 | Collective[i]主席、共同創辦人 | 建立人脈需要付出時間和努力，但這種投資將為你帶來巨大的優勢。首先，你必須願意成為一個聯繫人，樂於分享自己所知的資訊和人脈，幫助他人成功。做個慷慨給予的人，隨時願意提供自己的人脈建議、推薦、知識和介紹，以創造出巨大的機遇。根據我的經驗，以這種方式在商業上幫助他人將會獲得巨大的利益，別人會感恩並希望回報，進而形成一種良性循環。我所認識最成功的人之所以有成就，是因為他們一路上為他人提供幫助。 |
| 塞雷娜．穆里洛（Serena Murillo）法學博士 | 洛杉磯高等法院法官 | 研究生課程會教你如何執行工作，但不見得會提供你在職場上摸索或推動職業發展所需的技巧。在與新進律師交流時，我都會建議他們加入三個律師協會：所在地區的、專業領域相關的，以及支持個人成長的。我自己一直到職業生涯後期才開始參加這些協會，但很快，我在這些團體中遇到的人幫助我成為專業人士、提供領導機會、一路上鼓勵和支持我成為一名法官。如果沒有他們的幫助，我無法完成這一切，我希望自己早點了解到人脈網絡的重要性。 |

向你最好的朋友、家人和同事請益，了解別人從人脈關係中獲得什麼益處。

**評估自己的人脈需求：**思考你目前的成就，衡量現在的職位與你希望達到的目標之間的距離，比方說，你希望成為執行長，但目前只是一名初階員工；你想成為獲獎作家，但多年來都未寫過任何作品。要誠實而又有野心，要明白若有人指導對你會有很大的幫助。建立人脈、結識志同道合的人（包括已有良好發展的人、同儕、新鮮人和各階層的人）是非常明智的策略。如果你對職涯規畫感到不確定或迷茫，也沒關係，若是這種情況，和可能指導你的人聯絡會更有幫助。最後，要知道你並不需要堅持任何一條路徑，即使你暫時選擇了一條路，也可能會隨著時間發展而有所改變。

**集思廣益、探索主題：**既然你已經思考了自己想要達到的目標，就要開始想想你需要學習的主題，列出希望獲得意見和建議的領域，思考你希望改進的地方，選擇一件你想要提升到更高境界的事項。

| 討論主題範例 |
| --- |
| ☐ 演講與設計投影片<br>☐ 時間管理<br>☐ 人員管理與衝突解決<br>☐ 主持會議<br>☐ 預算與財務<br>☐ 政治與宣傳<br>☐ 職場健康與職業倦怠預防<br>☐ 贊助與指導<br>☐ 教學、評量與能力評估<br>☐ 撰寫提案<br>☐ 產品設計<br>☐ 網頁開發與設計<br>☐ 利用人工智慧<br>☐ 創辦新創企業 |

列出你希望尋求意見和建議的領域，

這有助於了解自己的人脈需求，並擴展交際圈。

**請求會面：**透過電子郵件聯繫別人。是的，我們知道這可能讓人感到不自在，如果你沒有收到任何回應，或是被「拒絕」了，不要擔心，這是很正常的。如果你很有禮貌，也很專業，別人不會因為你的請求而生氣；他們只是太忙了。不妨轉移目標，繼續去問別人。以下是一封請求會面的電子郵件範例：

| | |
|---|---|
| **寄件人：** | |
| **收件人：** | |
| **副本抄送：** | |
| **密件副本：** | |
| **主旨：** | 討論職業生涯規畫的會議請求 |
| **內文：** | 瑞莎 妳好，<br><br>希望妳一切安好。<br><br>我在這裡擔任醫師已經七年了，我正站在十字路口，思考自己下一步的職業方向。我很敬重妳作為一位教育者和導師的專業知識，在接下來的一兩個星期，請問妳的行程安排如何？我想和妳聊個二十分鐘。以下是一些可能的時段，如果對妳來說都不方便，我也樂意再往後安排：<br><br>二十一日 星期一，下午二點至四點（美東時間）<br><br>二十五日 星期五，上午十點至十一點（美東時間）<br><br>二十八日 星期一，下午二點至五點（美東時間）<br><br>請告訴我哪個時間適合妳，我可以寄給妳一個附帶視訊會議連結的行事曆邀請。<br><br>祝一切順利，<br><br>艾黛拉 |

以信件邀約會面以擴展人脈。

**主動出擊：**在安排會面時，要考慮對方的行程和時間。確認日期時間後，發送行事曆邀請。在會議之前寄出提醒，而會議結束後，寄一封感謝函。

**慢慢來：**培養人際關係需要時間，享受與人相處、擴展人脈圈的樂趣，這個過程不該成為負擔，你可能一年只會與某人聯絡幾次，或是一年只見面一次，沒必要急於排滿日程表，慢慢認識一個人，了解建立關係的節奏和方法，讓你的人際網絡逐步成長。

## ② 明辨對話和承諾的區別

### 具體的技巧是什麼？

要明白人際交流不一定要帶來更多工作壓力。

艾黛拉

我花了好幾次的經驗才學到自己並不需要與每個新認識的人脈合作。我剛開始擴展專業人脈時，每次會議結束後，我總是接下更多的計畫。我會根據一封陌生郵件或別人熱情的介紹來安排會面，然後，在與對方會談過程中，許多令人驚奇的提議不斷湧現：「妳何不加入我這個計畫呢？」或是「妳知道嗎，我正考慮研究這構想，艾黛拉，妳願不願意加入呢？」我會覺得有義務要答應，甚至感覺有壓力。因此，簡單的對話變成了重大的承諾，我會立即接受邀請，不假思索，未先考察，我甚至沒有事先查看行事曆就回答說：「好啊，我有興趣。我們來做吧！」我很快就發現，雖然許多想法都很棒，但通常對我來說並不合適，因此，我最終承擔了更多任務，也越來越不清楚自己的職業身分和專業目標了。

## 我們為何需要掌握這項技巧？

擴展人脈是從溝通和對話開始，無論是用哪種方式：如打電話、私訊、視訊通話、寫郵件，或是面對面。然而，我們需要了解專業對話的界限，並讓對方知道你純粹只是想要交流一下；如果有人提供機會，你沒有義務承諾接下更多工作。想要取悅他人，或接受你所尊敬的人提供的機會，這些壓力都是真實存在的。然而，了解自己的限度將有助於你在無需負擔義務的前提下探索專業關係。

## 這項技巧為何難以達成？

- 有人告訴你凡事都要「來者不拒」。
- 你擔心會被人認為懶惰、不知感恩，或不夠專注。
- 你擔心自己不會再有新的機會。
- 你覺得自己有義務答應，若拒絕的話會讓你感到焦慮。
- 你不知道如何拒絕別人的提議。



## 培養這項原子技巧的關鍵行動是什麼？

**想清楚自己與人會面的目標：**在與某人會面之前，先想清楚自己想要達成什麼目標。如果只是想認識他，那很好；如果是要分享你目前在進行的工作並尋求建議，也很不錯；如果你希望他幫助你填補技能不足之處，好極了。如果你更希望保持工作無負擔，就要先提醒自己，但沒必要一開始就表明這一點，不過，如果怕談話涉及這個問題，不妨事先練習你的回應。

**對人充滿好奇心：**關注對方。你要會面的人是豐富的資訊來源，詢問他們目前或未來的計畫或目標，例如：「你為何選擇了那個特定計畫？」或是「你是怎麼學會那項技能的？」讓對方多多分享自己的情況，這會讓他們有機會坦誠地交流，讓你學到更多，並建立聯繫。仔細想想你可以怎麼幫助對方，對於彼此可以如何互相幫助保持好奇心。

| 不夠明確 | 比較明確 |
| --- | --- |
| 我該如何提升領導能力？ | 關於領導力，你學到最重要的三個體會是什麼？<br>你或你認識的人在領導方面曾經犯過哪些錯誤？<br>你是如何晉升成為這家公司的領導者？ |

**了解人脈圈中每個人的角色：**在你的人脈圈中，每個人都扮演不同的角色，有些是導師或教練，有些是贊助人，還有些是合作夥伴，同一個人可能隨著時間而改變角色，有些人也可能成為你的朋友。

| | | |
| --- | --- | --- |
| 導師 | 他們為你的職業發展提供知識、培訓、指導、建議或專業素養。 | 「我希望確保會議對雙方都有益，請告訴我你的問題點和遇到的困境。」 |
| 顧問 | 他們提供具體的建議和指導，而這種關係不是雙向的。 | 「我在此為你提供具體明確的建議，以幫助你做出決定。」 |
| 贊助人 | 他們透過提名和支持你來幫助你達成目標。這種關係較少涉及私人情誼，也不是你經常見面的對象。 | 「有空缺或機會出現時，我會提到你的名字，向他們推薦你。」 |
| 教練 | 他們可以教你一項專業技能。 | 「我會幫助你提升口頭演講技巧。」 |
| 合作夥伴 | 他們與你共同合作，參與計畫。 | 「在這個計畫中，我們是平等的合作夥伴，致力於同一個目標」。 |

了解人脈圈中不同人的角色。

**評估別人提供的機會：**對於可能的機會有所準備。如果你與此人相處融洽，可能會被邀請加入一個計畫、合寫一篇論文等等。記住並堅持你會面的目標，以熱情、真誠的態度回應，對未來的合作抱持開放的對話空間，確保及時回覆溝通訊息。艾黛拉總是建議她的學生：「先別急著答應，要說請再詳細說明一下」。這種說法可以讓你不用立刻拒絕而進一步探索。如果你深入了解，你會驚訝地發現各種潛在的問題。

| 婉拒機會的參考說法 |
| --- |
| 「謝謝你考慮我，可惜的是，我認為這個機會和我目前的目標不太相符。」 |
| 「謝謝你的邀請，讓我查一下行事曆，看看我目前是否有足夠的時間處理更多工作，我會在一兩天之內給你回覆。」 |
| 「謝謝你，我期待未來有機會合作，此刻，我需要先解決手邊的工作。」 |
| 「你可以詳細說明一下嗎？計畫時程的安排如何？有哪些人參與？有沒有初稿可供參考？我特別想了解一下時間表。」 |

# ③ 克服人際交往的不安感（針對內向者）

## 具體的技巧是什麼？

如果你是個內向的人，學習適應性技巧來建立人脈。

瑞莎

我花了多年時間和參加急診醫學研討會，才學會了如何應對這些專業活動，我告訴別人我很善於社交，並不害羞；但我其實非常內向，這兩種特質並不矛盾。我可以主持會議，在數百甚至數千人面前演講，也可以自在地參加陌生人的社交活動。同時，我也會在安靜獨處的環境中重新充電、整理思緒，並恢復活力。閱讀、在大自然中散步，和進行一對一的交流是我最喜歡的嗜好。因此，專業會議和大型社交活動並不是我偏好的交流方式。對於會議，我會選擇靠近會場的住宿處，但通常不在會場內，這樣可以讓我在需要時逃離，享受寧靜的休息時刻。我喜歡獨自用餐或喝咖啡，或組織小型聚會，而不是參加大型晚宴活動，這種擴展人脈的方式對我來說確實比較輕鬆自在。

## 我們為何需要掌握這項技巧？

長久以來，對許多行業而言，建立人脈的文化通常是以參與人數眾多、社交互動頻繁的大型活動為主，這對於性格外向的人來說是很有利的。根據邁爾斯－布里格斯公司（Myers-Briggs Company）的數據，全球有五六．八%的人是內向型的性格[1]。所幸，現在職場上越來越重視兼顧外向型和內向型人士[2]。要知道，害羞和內向是兩碼子事。害羞的人是會對社交互動感到焦慮，而內向的人不一定害羞，但是會因為大型團體互動而感到精疲力竭，需要透過獨處時間來充電，比較喜歡小團體或一對一的交流[3]。

## 這項技巧為何難以達成？

- 許多行業和工作環境都有專為外向人士打造的社交聯誼活動。
- 有人可能會將你的內向解讀為無禮、冷漠疏離或反社會。
- 除非你學會了適應性社交技巧，否則你可能會逃避所有的社交聯誼機會。
- 很難提倡或要求團隊舉辦讓內向型的人感到自在的社交聯誼活動。

### 培養這項原子技巧的關鍵行動是什麼？

**靜心反思：**想想哪些社交場合、對話情境是最自在又愉悅的，花點時間回想與他人在一起且感到放鬆的時刻。回想之前那些讓你感到空虛、未能建立深刻人際關係的經歷。每個人都有不同的偏好，因此思考這些細微之處會有幫助，或許你只喜歡和（少於四人的）小團體共進晚餐；或許你喜歡參加研討會，但會選擇住在會場外的小旅館。

**避免消耗太多精力：**思考如何維持和恢復活力的方法，婉拒那些會讓你感到不自在的邀約，回答說：「非常感謝你的邀請，我沒辦法參加這個派對，你願不願意約其他時間單獨見面呢？」一對一邊走邊聊可能會建立更有意義的聯繫和專業關係，有時甚至更勝於充滿輕鬆對話的雞尾酒派對。

**表達個人需求：**如果你覺得自己對社交的猶豫正在影響你的聲譽和人際交往能力，不妨與團隊溝通，解釋內向性格的特點，告訴他們你的內向並不代表粗魯、冷漠，或是害羞，許多人可能會感到寬慰，因為他們也有同樣的感受。

## ④ 建立有意義且長久的人際關係

### 具體的技巧是什麼？

透過友善、專業、禮貌和真誠的後續聯繫來培養你的人際關係。

瑞莎

在一次專業會議上，我遇到了一位醫生兼醫學院院長，他是一位成就卓著、鼓舞人心的醫學教育家，我確信他會是一位出色的導師。我問他是否可以在我們家鄉見面進一步交流，經過六個月的努力，我們終於見面了，在那次會面中，我更加熱中於建立持續的導生關係，我看到自己專業地追隨他走過的路，我準備了問題，請教他的看法。然而，會面結束之後，在後續聯絡中，他並沒有回覆我的郵件，他的時間非常有限，而且在他對我們的會面改期了兩次之後，我意識到這段關係並不牢固。我稍作反思之後發現，我與一些專業夥伴之間的關係是輕鬆自然的，無論是會面、溝通，還是雙方維繫關係的意願。這確實讓我深刻體會到，在工作中建立有意義的聯繫需要雙方都投入，並且重視這段關係。下次再遇到類似的情況時，我會更快地放下。

## 我們為何需要掌握這項技巧？

在我們迫切需要解決問題的時候，很快就會明白人際關係的重要性，在壓力的當下，我們可能會利用人脈關係尋求支持，會希望這些關係夠堅固穩定。我們總是可以主動致電給某人，但如果從未接觸過或是最近都沒有聯絡，可能會讓人感到不自在。與人脈一直保持聯絡可以奠定堅實的基礎，促進關係自然地發展，還可以創造一種互惠共生的關係，讓雙方都受益[4]。

## 這項技巧為何難以達成？

- 穩定的交流需要投入時間和精力。
- 想要自然地保持聯繫可能會遇到困難，你不清楚該在何時或如何與某人聯絡。
- 問別人想要怎麼保持聯絡建立可持續的關係，可能嚇到對方。
- 一段關係不順利時，可能很難認清事實或放手。

## 培養這項原子技巧的關鍵行動是什麼？

**長期培養人際關係：**並非所有關係都需要每天交流，有些人你可能不需要經常聯絡，而有些人可能需要。每個人都有不同層次的人際關係連結。核心聯絡人是你內在網絡的一部分：你們可能每天或每週多次聯絡。再向外推展，你有一群周邊聯絡人：你們了解彼此的生活，但沒有經常聯絡。最後，你有遠端聯絡人，通常只在有特定目的、目標或需求時，才會不定期地見一次面。

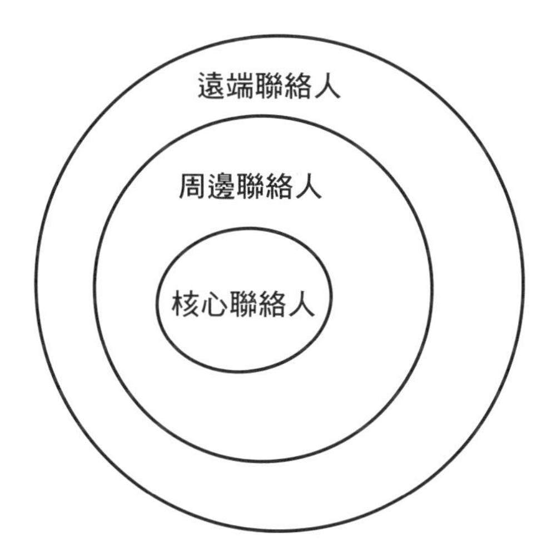


人際關係連結層次：核心聯絡人是你內在網絡的一部分。
再向外推展，你有一群周邊聯絡人，你們了解彼此的生活，但沒有經常聯絡。
最後，你有遠端聯絡人，通常只在有特定目的、目標或需求時，
才會不定期地見一次面。

**掌握聯絡時機：**評估多久與某人聯絡一次可能是一大挑戰。我們相信你會希望定期與某些人見面，但這或許不太可能，或是沒必要。在決定聯絡頻

率時，不妨考慮三大原則：

1. **需求：**是否有迫切的需求？如果你在接下來的幾天、幾週或幾個月內沒有見面的必要，不妨考慮每一季、每半年，或一年見一次面。
2. **空檔時間：**考慮雙方都能夠見面的時間。最起碼，每年一次的會面或郵件往來是有必要的。有些人你可能需要每天或每週見面，例如討論進行中的計畫。
3. **影響力：**每次和這個人脈見面時，都能啟發、激勵或影響你的人生嗎？要好好維護這種關係，持續關注這些人，你會想在職業生涯的高峰和低谷時與他們見面，以得到啟發。

**告知最新近況，提出問題：**向你保持聯絡的人提供你的生活和工作近況是很棒的禮物。要具體又有意義，例如，告訴對方你的作品被發表了，如果是文章，就附上一份副本；告訴他們你又有孩子了、參加進階學位課程，或換了一家新公司，利用這個機會徵求他們的意見。

**提供有價值的回報：**對單方面的要求和關係要敏感一點，試著表明你也會有所回報，分享你認為對方會感興趣的線上研討會、文章，或社交媒體貼文，也可以寄一封感謝信，表達我只是想向您說聲謝謝，很感激您對我付出的時間。在自己的行事曆上設定提醒，記住對方的生日。不必覺得一定要花錢，你可以寄一封讚美信給對方的主管。

**善用行事曆：**結束會面之後，和對方討論並安排下次的見面時間，不一定要這麼做，但是會很有幫助。至少，給自己設定一個日曆提醒，在一定時間內聯繫對方。我們要強調一件事，不要依賴大腦去記住瑣碎的細節。

## ⑤ 善用現有的人脈來擴大社交圈

### 具體的技巧是什麼？

請問你現有的人脈是否有其他人可以推薦給你認識。

艾黛拉

我每週會見大約三到五名學生，有些是大學生，有些是醫學院學生。有時我會發現一些學生的需求超出了我的技能和專業知識範圍，因此，會議結束時，我們會利用「滾雪球效應」，向他們推薦我認為值得認識的人，然後一起討論該如何建立這種人脈關係。這樣，他們就可以利用我現有的人脈來建立自己的人際網絡。我喜歡這種策略，因為比起向陌生人發送冷冰冰的電子郵件，用我精心挑選的聯絡人名單對學生來說風險更小。我提醒他們，我很樂意幫助他們找到自己的核心聯絡人，而我可以留在他們的周邊人脈圈中。



### 我們為何需要掌握這項技巧？

你會希望自己的人脈圈不只一個人，但又不想隨便在聯絡人清單中添加姓名。最重要的目標是要建立有意義的專業關係，有人說人脈圈不該超過六個人[5]，尤其在你的核心人脈圈中，保持一個較小而人數有限的群體是有一定道理的。利用你信任的人際網絡來擴展自己的人脈圈，可以幫助你以適當的速度、策略性地認識其他的人。

### 這項技巧為何難以達成？

- 你擔心請求引薦可能會被認為濫用或利用目前的關係。
- 你不清楚自己目前的人脈與誰有聯繫。

◆ 你覺得自己沒有人脈可以介紹給別人。

## 培養這項原子技巧的關鍵行動是什麼？

**考慮自己的日程安排：**如果你已經很難找出時間了，要求更多會面或許並非明智之舉，不妨等到你更有空的時候。我們不希望你安排了會面又取消，雖然偶爾取消是可以理解的，但若是過於頻繁，就會影響到你的專業聲譽。

**進行盤點：**想想你的人脈圈，查看你的手機和電子郵件的聯繫人，可能是家人和童年時期的朋友，各階段的同學、有共同愛好或打工認識的朋友，每個人都很重要。思考一下這個人最擅長做什麼？如果你覺得適合，不妨禮貌地請求十五到二十分鐘的對談，表明你的目的。

**謹慎地要求介紹新的人脈：**請認識的朋友介紹他們的人脈給你，表達這種請求的一種方式是：「謝謝您跟我會面，希望我們能保持聯繫。我也很好奇，有沒有什麼人是您認為我也應該去認識的。」

**追蹤後續發展：**給你現有的人脈一些時間來進行聯繫。如果他們願意將你介紹給某人，請給他們一兩週的時間。當他們確實安排引薦之後，務必要表現專業、禮貌，並履行你的承諾。如果一直都沒下文，可以再次與對方聯繫，問說：「你好，很高興我們上週有機會交流，有關我們討論的引薦一事，請問有任何最新消息嗎？如果方便的話，我很樂意直接與對方聯繫並副本抄送給你？」以下是一些個人見解：當我們想要將某人介紹給另一個人時，幾乎都是會尊重地先打聲招呼，確認對方「同意」之後才會加以介紹，我們希望確保對方有餘力和時間認識新的聯絡人。

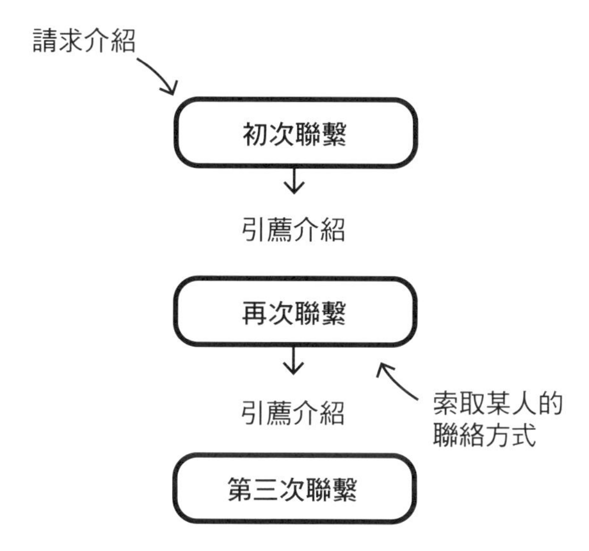


一旦你現有的人脈已經開始為你聯繫介紹，就要保持專業、有禮貌地跟進。



# ⑥ 向他人展現自己的專業能力

## 具體的技巧是什麼？

讓人知道與你聯繫的價值所在。

瑞莎

我記得在廣播節目中有一次對話，讓我意識到我需要更刻意地讓別人了解我的專業知識。有兩位特別來賓上我的節目，我們都是有領導經驗的醫師，其中一位來賓認識我，而另一位則是初次見面。在這一集之前，我以為來賓都會先上網搜尋，查閱我的相關資訊，或是想辦法了解我，但這次的情況並非如此。在開始的頭二十分鐘，這位來賓表現得有點冷漠，說話的態度似乎表明她不知道我也是學者和醫生。在對話中，我提到我們共同認識的人和地方，我注意到她的態度轉變，放下了戒心，說話的語氣也變了。對我來說這是個驚人的發現，從那次之後，除了在電子郵件中介紹我的背景外，我會確保在每次開始錄製節目時更刻意地重新介紹自己。如今的節目對話對所有人來說，都更友善、更順暢，也都更加安心。

## 我們為何需要掌握這項技巧？

我們知道職場充滿偏見，世界並不平等，每個人並不是從同一起跑點開始的，因此，展示你的技能和優點會讓別人了解你，除非你分享一些關於你的背景、興趣、價值觀，和專業知識的資訊，否則沒有人會真正認識你。我們希望大家明白，分享個人的興趣和成就是正常的。事實上，這有助於別人也分享他們的成就。在〈在社交媒體上推銷自己而不自誇的七種方法〉一文中，我們寫道：「要明白你認為好像是在自我吹噓的事，對於另一個人來說（也許是長久以來沒有機會被看見的人），可能將之視為情報和指導。為他人提供資訊和支持，使世界變得更美好。」[6]

## 這項技巧為何難以達成？

- 你不知道如何在保持謙虛的同時展現專業知識。
- 遇到別人時，你不知道該從自己的履歷中強調哪些部分。
- 你以為別人都知道你的成就。

## 培養這項原子技巧的關鍵行動是什麼？

**練習自我介紹：**練習在一、兩分鐘內完成自我介紹。可以請你信任的人協助進行角色扮演，找一位擅長提供回饋意見的人。建議你這樣開頭：「我可以向你介紹一下自己嗎？」或「我想跟你多分享一些我的專業經歷，可以嗎？」

**提升自己的能見度：**你的意見如果不表達出來，就不會有太多價值。當你就特定主題發表演講、寫作，或擔任相關的領導角色時，都有助於建立專業聲望。你不需要成為獲獎作家才能出版作品，也不需要成為 TED 演講嘉賓才能發表演講，你只需要有想法和清楚表達的能力，為自己尋找或創造機會。

**透過社群媒體彰顯自己：**社群媒體是個不可或缺的平台，觀察別人是怎麼自我宣傳和表達意見，你可以從中了解如何自信地凸顯自己的專業知識。如果你都不參與社群媒體，想要擴展人脈就會比較困難（但也不是不可能）[7]。分享獎項、演講機會或其他的事。分享你正在進行的工作，例如：很高興和大家分享我的○○○○○，我想要感謝○○○。我們在開始宣傳、表達意見和評論時，發現有更多人加入了我們的網路，主動聯繫我們、加我們為好友，並邀請我們參與演講和合作計畫。

**準備不同版本的個人履歷：**準備一份精簡的和一份較長的履歷以供分享。較短的履歷具體地凸顯你是誰以及別人與你聯繫的價值所在。若在職業生涯早期，簡短的履歷可能就足夠了，隨著你獲得更多的經驗和機會後，考慮撰寫三到六句話的精簡版本，以及二到四段的擴展版本。向朋友索取他們的簡歷範例，供你參考。積極主動地將履歷發送給別人，以便對方在與你會面之前對你有所了解。

**建立個人網站：**建立一個簡單的網站，包含你的姓名、照片、簡歷自傳、工作範例和聯絡資訊就夠了，在網站上清楚一致地展示你的專業知識，將之連結到社群媒體上。

**參加研討會：**研討會是讓有相同興趣和專業的人才聚集交流的地方。在會議開始之前（也包括線上會議），透過事先寫信自我介紹與人建立聯繫，例如：「我看到你將在○○會議發表演講，我知道你會很忙，但我很想利用

| 精簡的履歷架構範本 | 詳細的履歷架構範本 |
| --- | --- |
| **第一句：**<br>姓名<br>**第二句：**<br>目前職稱<br>**第三句：**<br>相關培訓和之前主要的工作／職位<br>**第四句：**<br>目前的職責<br>**第五句：**<br>未來的抱負 | **第一段：**<br>姓名、目前職稱、學歷和職責<br>**第二段到第四段：**<br>過去的經歷、現在的經歷、重要獎項、出版物、發表過的演講、未來目標 |

準備好一份精簡的個人履歷，用三至六句話具體地凸顯你是誰，
以及別人與你聯繫的價值所在。也準備一份較詳細的版本，
用二到四段話，更深入地介紹個人經歷和機會。

這個機會與你聯繫，不知你何時有空可以見面交流一下？」如果對方婉拒，不妨提議在演講結束後你會上前自我介紹，希望日後能有機會再聯絡。

## ⑦ 避免社交失禮行為

### 具體的技巧是什麼？

在建立人脈關係時，知道該避免哪些行為比知道該做些什麼更為重要。

瑞莎

我剛剛完成客座教授的講座，我特別講了一個故事，關於自己如何學會鼓起勇氣不再被動等待好運降臨，開始為工作所需之事主動

提出請求。這是為了鼓勵聽眾大聲說出自己的需求、或是對個人職業發展的期望。講座結束之後，我站在講台旁邊，有幾個人來個別提問，有一位看起來有些靦腆的男士開口說道：

他：您好，您能為我寫一封推薦信嗎？

我微笑，停頓了一下，不確定該如何回應。

他：您剛才談到了主動要求，所以我決定現在開始行動，請問您是否能為我寫一封推薦信。

我們素昧平生，我決定以友善和專業的方式化解這個尷尬情況。

我：這是我的電子郵件帳號，請直接聯繫我，我們可以透過郵件溝通。此外，我想確認你已經針對這件事聯絡你的導師了。

老實說，這個人的做法並沒有太大問題，這種情況尷尬的是他非常字面地解讀了我的建議。提出要求還是需要把握適當的時機和一些反思，包括該向誰提出要求，以及如何要求。在這種情況下，我們之間沒有任何關係，我的直覺告訴我，我不是為他寫推薦信的合適人選，但我可以幫助他找到合適的人。



## 我們為何需要掌握這項技巧？

我們保證，你在建立人脈關係時一定會犯錯，每個人多少都會犯一些錯誤，可能是忘記回電或寄送郵件，或是不小心叫錯別人的名字。就單一事件而言，這些都是可以原諒的。我們很重視自我寬容，因此不會指望你做到完美無缺。然而，小小的錯誤和一再的失禮是兩碼子事，切忌給人留下粗魯或自私的印象、只考慮自己，或是虛偽、不真誠，或像推銷員似地說話和互動。相信我們，別人都能察覺到這些。

## 這項技巧為何難以達成？

- 你沒注意到社交線索或缺乏情境意識。
- 與人社交聯誼會讓你很緊張或容易犯下社交錯誤。
- 你可能不太善於確定界線並遵守分際。
- 你擔心如果犯錯別人不會原諒你。

## 培養這項原子技巧的關鍵行動是什麼？

**尊重他人的界限：**與人交往時要慢慢來，不要操之過急，也不要期望一夜之間就成為最好的朋友。建立人脈是一種過程，你會遇到能幫助你職業發展的人。只要開始進行交流，然後再慢慢建立聯繫。

| 逾越界限 | 例子 |
| --- | --- |
| 在非工作時間聯絡 | 晚上十點打電話給主管或同事處理非緊急事務。 |
| 採用過於私密的聯絡方式 | 別人並未將你列入聯絡人清單，而你在未經允許的情況下，不斷地給人發送簡訊。 |
| 與人聯絡時太過隨便 | 沒有事先詢問「你希望我怎麼稱呼你？」或未經同意，就直接稱呼對方的名字或暱稱。 |
| 過於頻繁地與人聯絡 | 在短時間內因非緊急事務連續發送多封郵件。 |
| 提出過高的要求 | 每週或每月都要求介紹給其他人（尤其是高階主管或資深人士）。 |

尊重界限，與人交往時要慢慢來，建立人脈是一種過程。

**保持謙虛和腳踏實地：**在社交時，不要過度分享或自吹自擂。我們明白你可能會感到緊張，一心只想分享你的成就。然而，請深呼吸幾次，放鬆心情，做個積極的聽眾和觀察者，避免表現出自以為是的態度、不斷提及名人或與團體中的其他成員比較高下。

**保持禮貌：**這聽起來可能很明顯，我們也不是社交禮儀專家：只要記得說「請」和「謝謝」。提問時要有耐心。如果對話已經告一段落，就不要逗留。避免使用傷人的語言。

**針對個人提出問題：**花一點心思了解對方，如果你打算與某人會面，尤其是比你資深的人，事先查詢他們的背景，閱讀相關資訊，聽聽與其工作相關的廣播節目，將這些融入到對話中，例如：「我讀了你關於氣候變遷最新的部落格文章，面對著不斷增長的人口，你認為我們該如何修正方向？」

**與人脈保持聯繫：**確保你有後續聯絡的方式，如果在對話、會議或會面結束時，沒留下電子郵件地址、電話號碼，或其他保持聯絡的方式，你就會錯失良機。記得要問一下，並確保親自表達謝意、寄送郵件，或親手寫一封感謝信。

**多元化豐富的人脈：**保持開放心態，願意與任何人交流，不要只局限於與自己相似或地位較高的人，考慮與同儕、或與公司和領域之外的人建立聯繫。多元化與包容性的人脈關係具有極高的價值。



# ⑧ 分享自己的人脈以幫助他人

## 具體的技巧是什麼？

將你人脈圈中的人介紹給彼此認識。

艾黛拉

幾年前，我指導了一位想要參與東海岸某個住院醫師培訓計畫的女性，我碰巧對該計畫的領導團隊有點熟悉。她提出了申請，但是沒有得到面試機會，她來找我尋求建議，我主動提出要利用我的人脈關係。我很了解這位學生，可以為她的學術成績做擔保，她的表現與我合作過的優秀醫學生相當，我毫不懷疑她的資歷非常出色，所以我給我認識的人發了一封簡單的郵件說：「只是想問你能否再看看一位申請者的資料，她沒有收到面試邀請」。他們重新審查她的申請，看到了她的潛力。幾年後，我聽說她在該計畫中取得了巨大成功。她的成就讓我感到振奮，世界充滿了快樂，而我給她的支持其實對我並無任何損失，幾乎沒有理由閒置自己的人脈而不用。

## 我們為何需要掌握這項技巧？

將資源保留給自己幾乎沒什麼好處，你應該努力協助他人的專業成長。把自己的人脈視為一項值得分享的資產。間接人脈是與你的直接人脈有聯繫的人[8]，你建立的人脈有一半以上都是朋友的朋友或間接人脈[9]。透過將自己的人脈介紹給其他人，你幫助他們遇見合作夥伴、同行，甚至是專家。當你真心希望幫助別人時，可能會讓你更上一層樓，他們會記住你曾幫助他們得到工作面試或認識別人的難得機會，改天當你需要幫助時，他們也更有可能回報你。

## 這項技巧為何難以達成？

- 建立關係需要投入時間和精力。
- 很難判斷某個聯繫是否對你或對他人有所幫助。
- 分享你的人脈會讓人感覺像侵犯了隱私或是白白放棄自己的努力。

## 培養這項原子技巧的關鍵行動是什麼？

**問清楚對方的人脈需求：**你在與某人交流時，詢問他們需要何種聯繫。

如果你打算要幫人做介紹，考慮一下這個聯絡人的時間和能力，以及他們在指導和合作方面的資歷。避免重複介紹給同一個人。

**建立多元化人際網絡：**刻意經營多元化的人際網絡，這代表納入不同背景和行業的人，使你更能夠滿足各種不同需求的聯絡人。多元化包括個人身分、地理位置、興趣領域、專業知識水準等方面。

**詢問你的人脈是否願意被介紹：**若未經對方許可，切勿隨意提供其電子郵箱和電話號碼。在進行介紹之前，一定要先徵求對方的同意，例如：「你好，我知道有個人可能會因認識你而受益，我可以介紹你們認識嗎？如果你不方便的話，也可以拒絕。」同時確認他們希望透過什麼方式進行聯繫（如電子郵件、簡訊、電話等）。

**有特定目標的人脈介紹：**如果你要為兩個或多個人進行介紹，盡量簡短，可以用一兩句話凸顯每個人的重要背景，讓他們自己深入介紹，隨後告知各方可以開始互相聯絡，這種做法能夠讓你輕鬆一點，這點對於自我保護和後續行為很重要，例如：「請直接聯繫，不需要再將我抄送在後續郵件中」，以減少郵件負擔。

**體認幫助他人的好處：**也許你覺得你的人脈是屬於自己的，你可能想保護這些聯絡人並節制分享，他們的隱私應該受到尊重和維護。此外，每次當介紹人時，你所做的判斷都會影響到你的形象。然而，如果有人向你尋求幫助，而你也知道可以提供協助的人選，展現善良和慷慨都是有好處的。慷慨助人可以使彼此保持聯繫，使心情愉悅，同時也展現出你的正面形象。

## 擴展人脈的原子技巧總結

- 你可能沒發現自己已經有一些人脈。
- 有意且自然地在職場之外拓展你的人際網絡。
- 友善而慷慨地分享你的人脈。

## 第9章

# 處理衝突的原子技巧

瑞莎

在急診室，我們經常需要處理衝突，病患絕對是其中一部分；然而，這種緊張情況其實很多發生在同事之間。我的學員向我講述在工作中碰到的情況。她剛到職時，就有人告訴她有一位同事以挑起衝突而聞名，大家第一個提到的人就是這位同事：「讓我告訴妳我跟他的經歷」，「妳和他相處得怎麼樣？」人人都知道他很愛發脾氣，也會把住院醫師趕出急診室。這個人曾對她、對其他同仁、甚至對他的主管發脾氣。據她所知，沒人願意處理這種衝突，而這種情況已經持續了很多年。大家都會避開他，在背後議論紛紛。有些人表示自己感覺到被霸凌、士氣低落或對部門領導感到不信任，因為沒有人處理這位同事的問題，同時，這個人還不斷升職。學員和我談論這個問題時，我們明白，避免困難對話、希望衝突會自然消失是多麼誘人的念頭，當然，問題還是一直存在。我們主要討論的是，有員工引起衝突時，領導者該如何將之視為一個機會教育：進行困難的對話、處理不良行為並創造心理安全的工作環境，使同仁們能夠真正專心地照顧病患。

這是個不可否認的現實：職場衝突幾乎是難免的。根據報導，有八五％的員工面臨到這種問題，而在美國，每週有將近三個小時花在處理衝突上，年度成本損失高達三十五億美元[1]。考慮到衝突的頻率及其對公司的影響，學習如何處理衝突對你來說是最有利的，我們要強調的重點是：你解決衝突的方式，與衝突的核心問題一樣重要。

將衝突視為一個良機，可以澄清誤會、表達情感、培養溝通技巧。無論起因為何，衝突都提供了成長的機會。然而，要確實將之轉化為正面結果並不簡單，因為衝突往往會揭示出某人之前未被欣賞或沒人注意到的一面。

小時候，我們都被教導要分享玩具、在沙箱玩耍時與人和睦相處，但在工作場所，你不能走到別人面前拿回你的玩具，然後轉身閃人。正如你注意到身邊其他人的行為一樣，別人也會注意到你處理衝突的方式。在職場上，即使衝突理論上得到了解決，通常還是需要找到方法共同合作。

解決衝突的阻礙五花八門：包括找出衝突原因、進行困難的對話、處理溝通問題、分享觀點、挑戰權威體制、舉報騷擾行為、聘請法律代表，和克服遭到報復的恐懼。有時需要紀律機構、律師、倡導者的參與。這些阻礙可能會助長恐懼感，使我們失去向前邁進的動力。

此外，這些因素對於弱勢群體來說，可能更難以應對[2]。在二〇二二年，「煤氣燈效應」（Gaslighting）被《韋伯字典》選為年度代表字[3]，意指對一人或多人進行的心理操控，通常持續一段時間，使他們對自己的經歷產生懷疑。煤氣燈效應發生在有人提出投訴之後，該投訴卻被小看、忽視、未經思考就被否定的情況。想像一下被某個評論冒犯了，然後聽到這樣的話：我覺得你誇大了事實，我根本不是這麼對你說的。

煤氣燈效應的一個具體表現是一種所謂的 DARVO（Deny, Attack, and Reverse Victim and Offender）現象，亦即「否認、攻擊、顛倒受害者和加害者身分」[4]。DARVO 是加害者用來操弄敘事、對受害者保持權力和控制的一種手段[5]。利用這種手段的人會表現出防禦心、逃避，並且扮演受害者，而事實上他們自己才是問題根源。

我們不希望你忽視自己的感受或是別人針對你的言行，我們太常見到同事報告說：「他對我大聲吼叫」，然後將抱怨包裝成漂亮的說法，例如：「但你也知道，他是個好人，他不是故意的。正視並表達出個人感受是健康的，告訴自己：「這件事發生了，我沒有捏造事實。」小看自己的反應就是縱容不良行為的發生。

對於那些行為極度惡劣又不專業、事後還得到原諒的人，有一個稱呼：就是永遠的「好人」[6]。必須說明，這種人並不是好人，而且絕對不只有男性，女性也會表現出惡劣行為。我們不希望你說服自己忘掉所發生的事，要大聲說出來，即使只是對自己說：「我不喜歡那個人，他在言語上霸凌我，我並不需要保護那些傷害我的人。」

在本章中，我們將處理職場上更具挑戰性的部分，我們不會宣稱知道所有答案，然而，我們個人的經驗讓我們堅持絕對的誠實。我們希望本章介紹的十項原子技巧，能幫助你妥善管理工作中的衝突。

## 處理衝突的 10 種原子技巧

①學習識別衝突
②認清自己在衝突中的責任
③為同事建立心理安全感
④接受並反省回饋意見，繼續向前邁進
⑤學習應對難相處的人
⑥刻意訓練自己應對困難的對話
⑦兼顧實力和自信心
⑧保留文件證據
⑨認清人力資源部門的服務對象
⑩舉報或忽視不當行為

# ① 學習識別衝突

## 具體的技巧是什麼？

留意職場互動中的情緒和行為。.

艾黛拉

大學畢業後，我在一家補習班教 SAT，私人課程每節一小時，費用昂貴。因為收費很高且基於對客戶的尊重，我會在課程開始前幾分鐘到達，這麼一來，等我們準備就緒時，學生就能獲得完整的一小時輔導。有一位學生總是遲到，而他母親會旁聽課程。有一次，她要求我多教十五分鐘以彌補他們遲到的損失，我告訴她我無法滿足這個要求，這麼做會影響到另一個學生的時間。從那次以後，她就避開了我，再也沒有要求過，上課期間也都坐在車裡等。回想起她從積極參與到完全退出的劇烈變化，我懷疑她對我拒絕加時間的決定感到非常不滿。如果能重新來過，我會約她見面並談談這件事。

## 我們為何需要掌握這項技巧？

衝突可能表現出尖叫或大吵大鬧，也可能是更微妙或安靜的行為，如忽視或轉身離開。認識並處理衝突可以減少情況惡化、干擾工作、打擊同仁士氣和生產力，或影響心理健康的可能性。為什麼要解決衝突呢？因為未解決的衝突會破壞所有人應有的安全感。在一項研究中，有二五％的員工表示逃避面對衝突導致他們生病或無法上班[7]。

## 這項技巧為何難以達成？

- 你認為這種情況是因為某人只是壓力大或正在經歷個人問題。

- 你避免衝突，把情況歸因於某人只是壓力大，或正在經歷個人問題。
- 衝突可能只是職場文化的一部分。
- 衝突很微妙，因此你開始懷疑衝突到底存不存在。
- 衝突出現時，你感到措手不及、心裡不安，也不確定該如何處理。

## 培養這項原子技巧的關鍵行動是什麼？

**注意語氣和行為：**留意人與人之間的語氣或情緒是否變得緊張、不自在、霸凌、憤怒、負面攻擊等。聆聽並觀察別人之間或與你的互動方式。注意在工作場所流傳的笑話和幽默。不要忽視你的不自在或情緒感受。

**與知心朋友交談：**向信任的朋友或同事傾訴令人不舒服或激烈的情況，聽取他們的意見，然後決定該怎麼做，或許你誤解了情況，或許你對衝突負有責任，或許不是你的問題。

**留意個人言行舉止是否引起他人不滿：**每個人都有心情不好的時候，很可能會不小心說錯話或語氣過於直接，或是臉部表情明顯地表達不滿。如果你發現自己每次的某些言行舉止都會讓某人感到不快，不妨以此為目標，做出改變，避免那些行為。

**觀察團隊成員如何激怒彼此：**環顧四周，觀察團隊其他成員之間的衝突是有幫助的。也許解決這個問題不是你的責任，但你至少可以注意到問題的存在、是什麼問題、又是如何解決的。

**預測可能發生的肢體衝突，及時採取行動：**留意他人在身體上靠近你的程度。作為急診醫生，我們隨時保持警覺，絕不允許焦躁或行為失控的患者擋在我們和安全出口之間。

**制定安全計畫：**讓主管了解團隊中的衝突情況，下載、閱讀、並了解公司的安全保障政策。如果你在辦公室，問清楚安全警報按鈕，以及保全人員的所在位置。如果你是在虛擬環境中受到騷擾、欺凌或威脅，不妨保存收到的文字訊息和電子郵件。與主管、信任的同事或律師討論下一步措施之前，妥善保存文件。

## ② 認清自己在衝突中的責任

### 具體的技巧是什麼？

不要將責任全部歸咎給別人。

艾黛拉

當我還是急診醫學住院醫師時，一名創傷外科住院醫師進入創傷室指揮所有的人，他對自己的能力極度自信。有一次，他自信心表現過了頭，有一位患者在清洗窗戶時從鷹架上摔下來，情況非常危急且不穩定，那位住院醫師進來，打斷了我發出的指令，大聲地跟我說話，每次我試圖發言時，他都會舉起手掌，擋在我面前，這讓我感覺受到挑釁、很冒犯，也侵犯了我的私人空間。我直視他的眼睛，故意很大聲且非常直接地對他說：「你能不能不要打斷我說話？請你不要用手擋在我面前，可以嗎？」後來我們在進行案例回顧討論時，他道歉了，而我也承認自己提高音量使衝突升高，對此感到抱歉。老實說，我還是很介意他對待我（和之前對待別人）的方式，同時也覺得自己的表現有待改進。

### 我們為何需要掌握這項技巧？

要在職場上取得成功需要對自己的言行負責，我們在反思某個衝突時，應該問自己：發生了什麼事？我在當中扮演了什麼角色？我該如何改進、更妥善地處理此事？自我反省和承擔責任很重要。內心深切反省可以幫助你成長，並了解到可能採取不同的行動和說法。意識到自己在衝突中應負的責任是一種成熟和進步的表現。

## 這項技巧為何難以達成？

- 你總是將矛頭指向他人，不願承認自己在衝突中的責任。
- 因為尷尬、傲氣或覺得羞愧等各種感覺，讓人很難低頭道歉。
- 承認自己的錯誤需要情感上夠成熟也能夠自我反省。
- 道歉不屬於你職場文化的一部分。

## 培養這項原子技巧的關鍵行動是什麼？

**靜下心來自我反省：**放下自尊心，花時間思考對話和互動，想想自己需要負責的地方，反省自己的行為，尤其是該自我控制的那些時刻。我們在反思衝突時，應該問問自己：發生了什麼事？我是不是可以有不同或更好的處理方式？也許衝突不是你造成的，但可能還是需要學習一些技能，包括如何化解緊張局勢、如何傾聽、如何應對，和如何控制自己的肢體語言。

**向信任的人尋求回饋意見：**向你最好的朋友、伴侶、教練或心理治療師尋求回饋。仔細傾聽，不要打斷、不要有防禦心，問問他們：「我是不是很難相處、固執、過於挑剔、自私、要求過多？」或是「你覺得衝突是我引起的嗎？」如果他們跟你很熟，就請他們坦誠相告。做好心理準備，你可能就是問題所在。如果你中止了對話，就等於失去了學習的機會。

**尋求建議或輔導：**如果你覺得這個衝突是自己就可以解決的問題，那就太好了，制定自我改變的策略，注意自己的想法和感受、閱讀書籍，或冥想。另一個選擇是找一位衝突解決教練，你的公司或許能夠資助這項培訓，不妨與你的主管談談。

**必要時誠心道歉：**真誠的道歉絕對是化解衝突最有效的方式[8]。當你準備好時，真心誠意地道歉，不要只做表面工夫，好像只是為了避免負面關注或懲罰而提出，也不該一直強調你所受的委屈。不是真心誠意的道歉比不道歉還要糟糕。真心的道歉來自於遺憾、內疚、成熟心態和責任感[9]。同時也要注意非語言溝通的部分，因為真誠可以透過臉部表情、手勢和姿勢讓人感受到[10]。

| 比較不理想的道歉說法 | 比較理想的道歉說法 |
| --- | --- |
| 「對不起，我遲到了，但我相信你能體諒，這種事是難免的，我會盡量提早一些。」 | 「我開會總是遲到，造成我們的工作進度落後。我很抱歉。我會提早二十分鐘出門，以免再次發生這種情況。」 |

比較不理想的道歉說法是沒有任何反省跡象，也看不出來有所成長。
比較理想的道歉說法是承認錯誤行為造成的影響和日後打算如何改進。

**許下承諾並追蹤進展：**一旦你承諾要做得更好，不再重複某種行為，之後要與人更新近況，詢問他們是否觀察到你的改變。

# ③為同事建立心理安全感

## 具體的技巧是什麼？

打造一個讓自己和團隊成員都安心的工作環境和文化。

瑞莎

急診室護理師特別容易受到暴力的威脅，病患的言語和身體攻擊造成了不安全的工作環境。長久以來都說「這只是工作的一部分」，這種心態只會讓情況加深情緒負擔。

有一次，一名喝醉酒的病人來到急診室，口齒不清，大聲說著他胸口疼痛。他立刻被帶到診間進行評估。心電圖技術人員和護理師進去不久之後，護理師來找我，要求我趕快過去，因為他拒絕接受護理。當我走進房間時，他正試圖起身下床。

我：先生，我是盧伊斯醫生，請你躺回病床上，我們需要做一次心電圖檢查，安排你裝上監測器。

他：醫生，我想離開。

我：先生，你有沒有感覺到胸痛？

他：有啊。

我：那我們暫時還不能讓你離開。你喝醉了，我們需要為你的胸痛進行心電圖檢查和其他測試。

在對話的同時，護理師在他手臂套上血壓袖帶，並將脈搏血氧檢測儀夾在他的手指上。患者用另一隻手揮舞著，試圖抓住護理師將她拉向自己，好像要擁抱她。

他（對護理師說）：親愛的，妳叫什麼名字？

我：先生，請不要碰她，也不要叫她親愛的。她的名字不是親愛的，請用她要求的名字稱呼她。

病人終於配合，讓我們能繼續進行評估。在診間外，技術人員、護理師和我分享這次的經驗，我們彼此表達關懷，「妳還好吧？」「還好，妳呢？」「嗯，我也還好。」團隊真的有必要相互照應。



## 我們為何需要掌握這項技巧？

心理安全感是個人和團隊成功的關鍵，被定義為「一種信念，相信自己不會因為提出想法、問題、擔憂，或犯錯時而受到懲罰或羞辱，而且在團隊中感到安全，能夠勇於嘗試」[11]。在心理安全環境下工作，同仁的生產力和創新能力高出五倍[12]。不良的職場文化比薪資更能準確地預測員工流動率，準確度高出十倍[13]。缺乏心理安全感的環境令人感到緊張、同仁會退縮、溝通不良、士氣受打擊，工作也可能會陷入停滯。

## 這項技巧為何難以達成？

- 要找出能夠為你和團隊創造心理安全感的具體改變並不容易。
- 你認為創造心理安全感是組織的責任，而不是你個人的責任。
- 你感受到威脅和不安，因此不敢提出能確保心理安全的要求。

## 培養這項原子技巧的關鍵行動是什麼？

**描述個人對心理安全感的看法：**思考一下讓你感到安心的人或地方，想想他們提供了什麼，也許是讓你覺得可以放心地表達疑慮、提出未成熟的想法或基本問題。首先，回想你真正感到受保護的時刻，然後將這種環境與之前或目前感到不安全的環境進行比較，反思其中的差異。

**為自己和他人創造安全感：**雖然你可能不是團隊的負責人，但還是可以培養同仁的安全感，事實上，要為團隊提供自己所渴望的那種安全感。安全感意味著讓人在會議中感到自在，可以自由地溝通。安全感意味著支持那些感到不舒服、被忽視、感到羞辱或受到威脅的團隊同仁。創造安全感代表直接表明：「我擔心我們剛才忽視了他們的建議，我們可以再回頭仔細聽聽嗎？」這樣會讓別人知道，你尊重每個人，希望有積極的工作環境。

**關注他人：**告訴別人他們做得好的地方，要經常公開地給予讚揚，這麼做除了時間之外並不需要任何成本，又能幫助每個人感覺受到認可。請注意不要總是讚美同一個人，應該讓更多人受到鼓勵。

| 與團隊成員建立安全感的五種簡單方法 |
| --- |
| a. 若發現錯誤，應及時道歉。<br>b. 透過說「好問題」來鼓勵那些提問的人。<br>c. 鼓勵創造力，探索新點子，不要馬上否定。<br>d. 如果有人沒被聽見或未被接納，請予以承認。<br>e. 談論自己的錯誤、失敗，和內心的不安。 |

透過遵循這些行動，為自己和他人建立安全感。

發送郵件並
抄送給上級主管

在會議中發表看法

提名同事角逐獎項

在公布欄或 Slack 等線上
社群中公開表揚

## ④ 接受並反省回饋意見，繼續向前邁進

### 具體的技巧是什麼？

對於自己主動要求和別人自發提供的回饋意見都抱持開放態度，但不要因此影響你的前進動力。

艾黛拉

作為住院醫師，我們每年都會與培訓計畫主管和團隊進行年度考核會議，其中一次會議讓我印象深刻，我需要學習如何接受建設性批評並向前邁進。在那次會議上，我們回顧了同儕提交的回饋意見，大多數的評論都很棒，對我也很支持，有趣的是，我不太記得任何好話，我記得最清楚的是一位同事說我應該對部門的技術人員更友善一點（技術人員是幫助移動擔架、抽取血液樣本、在患者身上放置貼片和導線並將之連接到監測設備的工作人員）。我很驚訝：我自認為對所有人都很友好，這對我來說很難接受。團隊主管希望不要再糾結於那條評論便結束了會議；然而，我心裡備受打擊，覺得很沮喪，對那條建設性的意見始終無法釋懷，多年後，我顯然還記得這件事，也會特別注意我對待技術人員的態度。

### 我們為何需要掌握這項技巧？

回饋意見是多樣化的，包括直接或間接、正式或非正式、簡短或詳盡、正面和建設性。大多數人不會花太多時間思考正面的回饋，然而，對建設性批評的反應則較難預測。專家長期以來一直主張，建設性批評可以提高工作表現，並降低職場員工的流動率[14]。與此相關的是，有些人希望聽到這類的回饋[15]，但並非所有人都有相同的感受。一項研究表明，焦慮程度高於一般水準

的人更有可能將建設性意見視為負面批評，同時感覺受到威脅[16]。

## 這項技巧為何難以達成？

- 即便在你沒有感到脆弱、防衛心或不安的情況下，建設性批評還是會令人感到很難受。
- 建立自尊、內在力量和自信需要付出努力，而且可能很容易被打破。
- 如果你不信任提供回饋意見的人，你會懷疑他們的意圖。
- 有些回饋意見可能會削弱或攻擊你的身分認同，也可能感覺缺乏文化敏感度。
- 你不願意承認自己需要幫助，也還有學習成長的空間。

## 培養這項原子技巧的關鍵行動是什麼？

**花時間消化一下：**當你聽到回饋時，不要立即升起防禦之心，你最初的反應可能會是立刻回答：「嗯，我當時是想要……」，或「那才發生過一次而已」。要忍住這些話，也不要感到沮喪。你一開始也可能反應說：「我真是個失敗者，什麼事都做不好。」將這些評論暫時放一邊，讓提供意見者傳達完整訊息，隨後你會有時間去消化其含義和重要性。

**評估回饋意見：**要知道你可以選擇接受或擱置別人給你的直率意見。在你完全否定這意見之前，先與信任的人討論一下，如果他們也認同，就該認真看待。如果你不信任提供意見的人，而別人也同意你的看法，不妨先擱置這些意見，之後再看看是否有許多人也提出類似的觀點。

**提出偏見的疑慮：**你收到的回饋意見很可能是基於偏見（如族群、年齡、性別歧視等），你可以提出這個疑慮。當你準備好時（或許不在同一會議中），勇敢表達自己的看法，例如：「我覺得這些回饋有針對性或個人攻擊的意味，我是這個部門中唯一的有色人種女性，不管我多麼有禮貌，好像都被視為咄咄逼人，這會不會是比我個人更大的問題呢？」[17]

**要求具體的事例：**你尋求的回饋意見越是具體，就越能找到需要改進的地方，如果被人告知你不是團隊合作者，不妨針對這個評論繼續追問：「你能提供具體實例來說明我什麼時候缺乏團隊合作精神嗎？」

向任何人提供回饋意見都不容易，

真正希望你成功的人會花時間在幕後努力傳達建設性的回饋。

**尊重對方的意圖：**向任何人提供回饋意見都不容易：這需要時間，可能會讓人感到不舒服，也可能不被接受，使情況變得更糟。通常，那些真正希望你成功的人會花時間在幕後努力，竭盡所能地傳達該說的意見。

## ⑤ 學習應對難相處的人

### 具體的技巧是什麼？

與性格難相處的人共事時，要學會自我管理。

瑞莎

有時候，我的「頓悟」時刻是出現在與《可見之聲》的特別來賓進行對話錄音時，我與《不內傷、不糾結，面對8種棘手同事》（*Getting Along: How to Work with Anyone, Even Difficult People*）的作者艾美・嘉露（Amy Gallo）的對談中，真的就發生過一次。我分享了我與一位同事的合作經歷，這個人在學術著作方面成就斐然，個性也很開朗，但我就是無法理解他，他會自願承擔任務，同意團隊設定的時間表，然後……什麼都沒做，他很少回覆郵件，因此團隊成員不得不分擔他的工作。我覺得非常困惑，因為面對面時，他都會承諾說：「我今天會寄出計畫的進展報告。」然後就完全沒下文了，我無法確定到底發生什麼事，我們也關心過他，他的健康或家庭狀況都沒問題。在我們的廣播節目對話中，艾美描述了消極對抗型同事（passive-aggressive coworker）：「這種人感覺不自在，或是莫名其妙地就是無法直接表達個人的想法、思緒和意見」[18]。我的職場之謎終於解開了，這個人不敢直接告訴團隊，他要麼不想做這份工作，要麼沒有時間，或是不知道怎麼完成這份工作。雖然他從未真正學會坦誠地溝通，但我更了解他了，也能夠管理團隊的期望。

## 我們為何需要掌握這項技巧？

你是否曾經填寫過像邁爾斯—布里格斯這類的性格或優勢測試問卷呢？[19]這些工具有助於了解你的性格類型，但無法預測如何處理人際之間的衝突。你身邊每個人都是獨一無二的，事實上，至少有十六種不同的性格類型[20]，而且每種性格類型可能各自呈現出不同的程度，有時，這種多樣性會導致不可預測和無法控制的衝突。我們通常會選擇避開那些難相處的人，不想直接面對他們，然而，時間一久，不同性格的人可能會發生衝突，你應該準備好學會如何與各種不同的人相處。我們通常會向信任的同事詢問他們對某人的看法，以驗證我們的直覺：「我的印象是正確的嗎？還是我誤會了什麼？」

## 這項技巧為何難以達成？

- 很難解讀別人的個性和情緒，尤其是在虛擬環境下。
- 難相處的人在職場上有長期的行為模式，很難改變。
- 我們通常會選擇避開難相處的人，不想與他們正面交涉。
- 你發現自己總是與對方爭論，而不是有效的對話溝通。

## 培養這項原子技巧的關鍵行動是什麼？

**反思是否存在更大的問題：**雖然相信自己的直覺和對他人的判斷很重要，但同時也應該探究自己是否有錯誤或不公平的印象。我們認為的難相處或難以招架的行為，可能只是對方因為有壓力、資訊不足、疲勞或倦怠的表現。你也可能對某人的行事方法有錯誤的假設或期望，因而讓你覺得對方「不好相處」或「難以合作」。

**考慮簡單的解決方案：**如果事實上這個人一直都很難相處，接下來你應該問的問題是，有沒有簡單的解決之道？當然，找出解決方案可能不是你的工作，但完成任務是你的職責，有時這代表要應對一個難以相處的人，不妨想辦法解決以幫助提高自己的工作效率。這裡有個小技巧，在提供解決方案之前，先問問他們是否樂意接受你的幫助，如果是的話，你可以提出這個問題：他們認為問題存在的原因是什麼、試過哪些解決方法。如果你有想法，就提出可能的解決辦法。

| 問題 | 回饋意見 |
| --- | --- |
| 這個人在會議中總是說負面的話，影響了整個團隊士氣。 | 關心此人的健康福祉，討論如何帶來正能量並探索簡單的改進方法。 |
| 這個人雖然答應了截止期限，但從未按時完成。 | 詢問他們如何管理時間，如果定期追蹤進展是否會有所幫助，探討他們希望如何為團隊做出貢獻。 |
| 這個人感覺自己受到針對，對於被排除在專業成長機會之外感到不滿。 | 共享一個行事曆，清楚列出所有會議和成長機會。 |

**少說話，多做記錄：**盡量避免反覆爭論，這會讓人精疲力竭，還可能會給你帶來麻煩。如果對話變得激烈且帶有威脅性，不妨暫停討論。詳細記錄內容，包含對話的直接引述和摘要，保存起來以備不時之需。無論如何，你自己的身心健康都應該得到優先保護。先不要激動，冷靜下來之後再與值得信賴的朋友或主管共同制定具體的應對策略。

## ⑥ 刻意訓練自己應對困難的對話

### 具體的技巧是什麼？

在處理職場衝突時，不要逃避可能會很困難的必要溝通。

瑞莎

我絕對還沒有完全掌握處理困難對話的技巧，但我知道這些對話很重要，也知道再多加練習會變得更容易，每個人都會進步。我記得有一位同事在一對一的年度考核中向主管要求加薪和減少班次。我同事的工作表現絕對優於其他同儕，而且他一直在填補一位表現不佳的同事的不足，然而，我們的主管不想批准這些要求。主管沒有直接告訴他，而是請我去跟他說。我並未參與評估過程，對薪資和輪班資源也沒有控制權，起初，我認為這對我來說是個很好的練習機會，但我很快意識到主管所做的事：把困難的對話交給我。最終，這位同事明白主管的所作所為時，他感到處理不公和不受尊重。對我來說，這是重要的教訓，讓我了解到，將困難對話推卸給別人並非正確的處理方式。

## 我們為何需要掌握這項技巧？

一般人大約每天會說一萬六千個字，一天三分之一的時間也都花在工作上[21]，考慮到互動的頻繁，學習如何處理困難對話是一件值得投資的事。因為，這件事一開始如果處理得不好，可能會導致問題惡化，而逃避困難對話也可能會讓不良行為或個性得以不受制約，因而成為其他人的問題。此外，逃避可能會導致你對工作不滿，而且缺乏心理安全感。坦白說，這項技能是個挑戰，一點也不好玩。我們自己也會傾向於避免解決衝突，然而，我們相信冷靜地處理有時是化解緊張局勢的唯一方法。

## 這項技巧為何難以達成？

- 困難對話通常很情緒化。
- 必須尊重權力關係，並謹慎處理。
- 你害怕說錯話或用詞不當而遭到誤解。

- 你想要避免這種情況，認為稍後自然會有人解決這個問題。

## 培養這項原子技巧的關鍵行動是什麼？

**為自己和他人做好準備：**寫下你想在會議中討論的內容，不要期望會議完全按照你的計畫進行；但事先列出你想要討論的重點是有幫助的。直接提前通知對方，不要等到開會時才突然提出，讓對方感到意外。在安排會議時，不要含糊其辭。

| 不夠明確的溝通 | 比較明確的溝通 |
|---|---|
| 我們似乎沒有共識，可以找個時間談一下嗎？ | 我們可以見個面嗎？這個星期你何時會有空可以談談這份提案呢？讓我們一起討論如何分配任務，制定出一個適合雙方的時間表。 |

**練習困難的對話：**事先自己一個人或與信任的人一起練習困難的對話[22]。目標是保持冷靜、清晰，並舉例說明：「我在建議截止日期時，你都會搖頭翻白眼，這已經發生過三次了，這讓我對彼此的合作感到焦慮，我是否誤解了你的反應？」

**創造心理安全感：**你無法準確預測對方的反應，對可能出現的強烈情緒做好心理準備。要尋找共同點，並指出情況中的積極面：「看來我們都同意彼此的交流可以更頻繁一些。你覺得我們的溝通怎麼樣？有哪些可以改進的地方嗎？」

**練習積極傾聽：**我們知道你有很多話要說，但切記，要傾聽別人的意見，避免在對方發言時打斷，試著讓別人平等地參與對話。回應你所聽到的內容，並詢問你的理解是否正確，也請對方重述你所表達的訊息。

**不要歸咎他人：**提供具體的例子，並承認可能存在誤解。尊重每個人對情況的看法，這與對錯、指責或羞辱無關，而是要尊重地找出衝突原因以及解決方案。

**建立共識：**即使你不同意某人的觀點，最好也要找出雙方能夠達成共識的地方：「看來我們對誰造成了錯誤有不同的看法，但我們似乎都同意應該要避免類似錯誤再次發生，我們可以專心找出解決問題的方法嗎？」

**設計退出策略：**對話不可能永遠持續下去，特別是如果沒有任何成效、還進一步造成傷害的話。制定一個退出策略，在手機上設定鬧鐘或計時器，作為結束會議的提示，告訴對方：「很抱歉，我們可以就此結束嗎？我得去處理另一項任務。」也許這只是讓你離開一個無效會議的藉口[23]。

**與對方進行後續追蹤：**在對話結束時，問他們是否介意進行後續追蹤，看看有沒有需要進一步討論的事項。通力合作，盡你所能讓關係朝積極的方向發展。

## ⑦ 兼顧實力和自信心

### 具體的技巧是什麼？

要有自信心，但不要用過度自信來掩蓋自己的能力不足。

艾黛拉

我還是一名住院醫師時，在重症加護病房工作了一個月，有一位病人腹腔內有大量積液，可能會引起不適，甚至感染，因此需要進行腹腔穿刺術（paracentesis），利用針筒將積液從腹腔中抽出。我和我的住院醫師準備一起進行這個手術，我看到她在即將開始之前大量閱讀資料和觀看影片，在手術前複習資料是很正常的事，所以我沒有多問。然而，她的緊張程度似乎有點異常，我問她是否需要尋求支援，她說：「不用，我應付得了」。在裝設備時，她顯得有些困惑，但最終還是搞清楚了。我們開始將針頭插入病人的皮膚，但液體並沒有正常排出，反而有棕色液體進入針筒，原來她不小心刺穿了腸道，糞便流入了導管，值得慶幸的是，病人最終平安無事。這種情況是該手術的已知風險，坦白說，在醫學領域每個人都會犯錯，包括我自己在內，但這對我來說還是一個很好的教訓，要避免將自信與能力混為一談。我們這一行的文化是在不確定時也要展現自信，許多職場文化也都獎勵這種行為。然而，既然她沒有把握，就應該找主管協助進行手術會更加安全。

## 我們為何需要掌握這項技巧？

自信和能力，成功的領導者應該是兩者平衡兼具。想到我們所尊敬的領導者時，都是認為他們既有能力又謙虛；而不是自大、跋扈、有破壞力，或不友善。然而，職場上往往自動假設過度自信的人也是有能力的人。研究表明，自信和能力之間並沒有直接的關聯。事實上，過度自信與領導才能呈負相關[24]，過度自信的人比缺乏自信的人更有可能失敗[25]。看到無能的人受到獎勵、錯誤被忽視或掩蓋時，是很令人沮喪的。

## 這項技巧為何難以達成？

- 如果你覺得缺乏自信且能力不足，你會想要表現出絕對自信來加以掩飾。
- 體制和領導者一直在暗示女性和邊緣化群體應該採用男性定義的領導風格，然而其自信在職場中卻未必受到正面解讀。
- 你很難拿捏恰到好處的自信程度。

## 培養這項原子技巧的關鍵行動是什麼？

**提升自信心：**當你得到正面評價時，安然接受，告訴自己「我的確如此」。

**提出問題：**將提問和填補知識不足之處視為正常現象，這需要自信，也表明了不確定性是可以接受的。千萬不要自認為知道一切。我們常常提問，也注意到其他有能力的同事都是這麼做的。

**表達堅定而開放的態度：**有多種方法可以自信地表達自己，比方說，在陳述資訊、表達觀點、主持會議時，不要聽起來顯得傲慢或過於自信。我們希望你表達清楚、自信且友善，對建議和不同意見持開放態度。適當的語氣加上開放的肢體語言會傳達這樣的訊息：讓人知道你有堅定的想法，也願意考慮其他意見。

| 比較不理想的溝通 | 比較理想的溝通 |
| --- | --- |
| 「她是這個職位的最佳人選，沒有其他候選人值得我們投票。」 | 「從她的個人經歷、簡歷和面試表現來看，我認為她是這個職位的最佳人選。你有什麼看法？」 |

**留意運用語氣較緩和的措辭：**雖然我們希望你樂於接受糾正，但也不希望你對自己失去信心。你在說話和寫作時，不妨試著去掉過多的我認為、我覺得、或許和可能等用語，特別是你所陳述的是事實時，我們不希望你貶低自己的智慧，對於擔心自己會顯得過度自信的女性和有色人種來說，這一點尤其重要[26]。

| 比較不理想的溝通 | 比較理想的溝通 |
| --- | --- |
| 「我認為我們或許該考慮繼續進行這項計畫了。」 | 「讓我們繼續進行，如果有問題的話，請告訴我。」 |

**感謝糾正你的人：**如果有人花時間給予糾正，甚至只是提出異議，對他們表示感謝，停下來說聲：「我感謝你說了這些話」，或是「謝謝你的回饋意見」。這會給別人一點空間，也無損於你的能力表現，因為沒有人期望你是全知全能的。

**尋求回饋意見：**如果你不確定自己給人什麼印象，不妨問問你信任的同事和朋友。請記住，他們的回饋可能比較主觀，因此，也要向你在工作中信任的同事請教一下：「你對我的自信和能力有什麼看法呢？」

**展現能力：**最終，你需要熟悉自己的專業和技能。學習、透過認證考試、深入研究並了解你所選領域的專業內容。

# ⑧ 保留文件證據

## 具體的技巧是什麼？

在處理工作中的衝突時，保留最新的文件記錄。

艾黛拉

急診醫生是輪班工作，因此換班很容易，我們也經常這樣做。有一次，一位同事來到我面前，請我幫他代班十二個小時，我答應了。他寄給我一封班次調換郵件，我按下了「接受」。幾週之後，他說：「我需要補償妳那次幫我代的班」，然而，他只提出償還八小時，而不是十二小時的輪班時間。我認為他並不是故意的，我只是想確認這四小時的差異，所幸，我有留下調班的數位記錄。我登入查看了郵件（我都會把這類郵件移到「班次調換」的資料夾中），我轉發郵件收據給他，簡單地說：「嗨，只是想跟你確認一下，如果你能幫我代一個相同時長的班次，我會很感激。你能幫我代班十二個小時嗎？」保留文件記錄並不是為了製造爭議，而是為了避免分歧。

## 我們為何需要掌握這項技巧？

在雇主解雇員工後，保留文件記錄常常是討論的話題，以防發生訴訟時需要追究員工的錯誤行為[27]。在工作中，對於任何複雜問題，你都應該保留文件記錄，記下事件的時間線，這可能包括郵件、簡訊對話、會議摘要，以及個人之間的交流。重要的是，這不僅僅是在衝突時派上用場，我們建議用來預防衝突，例如，你可以在見過老闆後寄一封郵件，總結重點或描述計畫的任務和角色。這些記錄很可能永遠不會被分享或再次使用，但也可能在你需要時派上用場。如果你從不留下任何記錄，就會出現更大的問題。

## 這項技巧為何難以達成？

- 收集並記錄對話與互動需要花費時間和精力。
- 如果等到很久以後才記錄事實，細節可能會遺失，回憶也可能受限。
- 重新回想和討論困難的互動會帶來壓力和創傷。
- 記錄這類訊息讓人感到不自在，也不太道德。

## 培養這項原子技巧的關鍵行動是什麼？

**記錄下來：**你可能聽過「白紙黑字寫下來」（Get it in writing）這句話，意思就是口說無憑。這是個明智的建議，要知道，並非一切書面記錄的內容都會引起爭議，有些事記下來只是為了方便參考。要保持文件記錄系統井井有條：善用電子郵件、文件檔或資料夾。最重要的是，要受保護，而且日後容易查找。避免將敏感資訊放在可能會遺失或日後被發現的紙張、工作電腦，或工作郵箱中。一旦你預見或意識到工作中的衝突，立刻在個人筆電或行動裝置上建立一個檔案或資料夾，或以郵件寄給自己，把一切都記錄在受保護的地方，不要寫在以後可能被發現的紙張上，也不要存放在工作電腦或工作郵箱中。

**即時更新記錄：**在事情發生時，即時更新你的書面記錄（包括日期、時間、引述的溝通內容等等）都是有幫助的。如果你主持或參與了一場很困難、甚至是積極的高風險對話，例如薪水調整，不妨寫下摘要。仔細檢查後寄出，確認可信賴的利益相關者都知道最終計畫。

| | |
|---|---|
| 寄件人： | |
| 收件人： | |
| 副本抄送： | |
| 密件副本： | |
| 主旨： | |
| 內文： | 感謝您今天撥空會面，我想確認我正確理解了彼此的談話內容。我目前的薪資是七萬五千美元，按照我們同意增加的五千美元，我的年薪將從今年七月一日開始變成八萬美元。您能確認我的理解是正確的嗎？<br><br>非常感謝,<br>艾黛拉 |

**隨時關注並照顧好自己：**在衝突時減輕壓力。寫下情緒、釋放心中的壓力，可以幫助你保持內心平靜。保留文件記錄不該成為常態，如果是這樣，可能存在更大的問題，值得評估你在工作環境中的心理安全感。問問自己這種職場文化是否適合你。

# ⑨ 認清人力資源部門的服務對象

## 具體的技巧是什麼？

了解人力資源部門的服務對象和職能。

瑞莎

我直到進入職業生涯中期，才真正理解人力資源（HR）部門的職能及其服務的對象。在此之前，我一直以為 HR 是協助員工處理福利問題的團隊。有一次在系所教職員會議中，關於職場性騷擾的話題引發了激烈的討論。有位同事說，如果有人受到騷擾，應該向 HR 求助，HR 會保護他們並解決問題，「這就是他們的職責所在」。我感到很困惑，因為我認識的女同事向 HR 投訴遭到職場霸凌和騷擾時，並沒有這樣的體驗。我進行了事實查核，也向在 HR 工作的朋友求證，他們清楚地表示：HR 主要服務和保護的對象是組織，而不是個別員工。

## 我們為何需要掌握這項技巧？

你可能會認為人力資源部門的存在是為了服務並保護員工，但我們希望你明白，HR 的主要職責是服務和保護公司[28]。沒錯，HR 的職員可能很友善，但他們不是你的朋友。HR 的目標是減少員工流動率，和盡量減少對公司的負面關注。沒錯，HR 會認真看待投訴，我們不希望你將他們視為敵人，然而，你和 HR 打交道時，我們也希望你明白他們的忠誠度並不是對你個人，HR 部門並非員工的守護者，你應該認真看待嚴重的問題，要保護你所寫和所說的一切。找到適當的人溝通，以達到你期望的結果。

## 這項技巧為何難以達成？

- 你收到了有關 HR 的錯誤資訊，或是根本一無所知。
- 你可能一直以為 HR 是為員工服務，突然發現他們其實是為公司利益著想，讓你完全改觀。
- 你需要尋找替代方案來獲得幫助、支持和解答。

## 培養這項原子技巧的關鍵行動是什麼？

**了解人力資源部門和代表人員：**這個人可以協助你查詢或了解公司具體的福利政策，將其姓名和聯絡方式加到你的通訊錄中。請記住，人力資源部可能會追蹤並記錄你的對話；如果你想要確定，可以問問他們是否會這麼做。如果你公司規模夠大，你可以放心地打匿名電話詢問。

**掌握員工可利用的資源：**當你有疑問時，員工手冊、公司網站，或是公司內部資深的同事，都是很好的資源。舉些例子來說：如果你的合約有爭議？考慮聘請自己的合約律師；公司律師不是為你服務的。性別歧視問題？或許可以去找性別平等辦公室。職業操守或道德問題？有些公司設有專業素養辦公室。當涉及到舉報問題時，我們希望你要有策略，而不是衝動行事或畏懼。

**謹慎溝通：**在社群媒體和電子郵件中，謹慎處理與工作相關的貼文。一般而言，避免用具體的資訊，例如人名、機構名稱、職位、顧客或客戶等。要了解可能的後果，如誹謗指控、解雇、法律訴訟、專業行為糾正，或是你的員工檔案記錄。

# ⑩ 舉報或忽視不當行為

## 具體的技巧是什麼？

了解是否應該檢舉不良行為，以及適當時機和處理方式。

艾黛拉

許多年前，我曾和一名男性護理師一起工作，他經常和住院醫師發生衝突，尤其是女醫師，他會強烈地質疑她們的專業知識，拖延他不認同的臨床指令，對患者發表粗魯的評論，他的行為顯然是有害的。我想要強調一點，我見過惡劣的醫師，也見過惡劣的護理師，無論什麼職位或頭銜，我們都應該互相支持。因此，我告訴住院醫師，我打算向上級主管檢舉這名護理師，我也真的這麼做了，然後再告訴住院醫師我所採取的步驟以及得到的回應。回頭告知實習住院醫師是最重要的，因為我想讓他知道不該容忍不良行為並將之視為常態。據我了解（詳情不在此贅述），這名護理師接受了專業素養和性別文化敏感度培訓，在我檢舉之後，他的行為有所改善。

## 我們為何需要掌握這項技巧？

我們想要坦白地告訴你一件事，檢舉了某人並不代表一定會有進一步的處置。然而，如果沒人敢說話，工作環境更容易存在惡劣的員工。因此，就算無法造成任何影響，我們還是堅信倡導和追究責任，建議在安全情況下進行檢舉。不檢舉可能會讓那個人的惡行變成常態：「看吧，我的行為是可以容忍，而且是有效的，所以我會繼續這樣做，因為沒有人能阻止我。」這讓我們非常擔心，因為不良行為不僅影響個人，還可能影響團隊和工作。我們也知道，在任何時候檢舉別人都可能令人非常恐懼，使你感到脆弱，在目睹職場上的不良行為時，這些都是要慎重考慮下一步行動的理由。

## 這項技巧為何難以達成？

- 如果你勇敢發聲，你擔心會受到報復或其他負面後果。
- 過去你試著處理不良行為時，並沒有看到任何改變。
- 沒有人能教你是否應該檢舉不良行為，以及適當時機和處理方式。
- 你不認為這是你的責任。
- 你沒有多餘的時間和精力去檢舉所有的不當行為或相關人士。

## 培養這項原子技巧的關鍵行動是什麼？

**先單獨處理個人情緒：**處理工作中的創傷或挑戰有很多方法。沒有固定的模式，比方說，你可以寫日記、睡個覺、去跑步或做其他運動。最重要的是，在進一步行動之前，你要先照顧好自己的需求。

**找信任的人一起處理這段經歷：**與你信任的人談談，或是在工作環境中找出讓你很有安全感的人。記住，你的朋友和家人可能不夠客觀，他們會偏

| 尋求支持 | 解決方案 |
| --- | --- |
| 我需要確認一下我不是唯一遇到這種情況的人。<br>我想吐一下苦水，才有前進的動力。<br>現在去上班看到我的主管，我都感到很茫然。<br>我很好奇你以前是怎麼鼓起勇氣去舉報某人的。 | 我需要知道如何提出投訴。<br>我需要知道在轉換工作之前要提前多久通知公司。<br>我正在尋找機會加入公司的另一個團隊。<br>如果我決定舉報這個事件，接下來應該怎麼做？ |

當你找信任的人會面討論某個困難情況時，務必讓對方知道你所期待的結果。

袒你，你需要從真正會為你著想的人那裡得到客觀公正的意見。早一點（甚至在對話開始之前）決定你是想要找人談談以尋求支持，還是想採取行動找出解決方案。建議以此開啟對話：「我正在尋求這個問題的支持和解決方案。發生了這樣的事情，昨天在上班的時候⋯⋯。」

**分析事實：**一旦你情緒冷靜下來之後，陳述具體的事實。我們知道這很難做到，但是在準備檢舉別人時，試著消除任何偏見或偏袒對你會有所幫助的。首先將事件報告給你信任的聯絡人，清楚陳述事件的事實和數據。

| 主觀評論 | 客觀評論 |
| --- | --- |
| 「他對我極不友善。」 | 「他站在我面前，大聲地對我說話，還四次舉起手來制止我發言，他的手距離我的臉只有兩、三英寸。」 |
| 「在我們的團隊會議上，我感覺很不舒服。」 | 「在過去一個月的每次會議上，他都要求我坐在他旁邊，下班後還會傳簡訊問我要不要一起去喝一杯。」 |

**決定是否要繼續行動：**這是個人的決定。一旦你處理好自己的情緒，也和信任的同事談過之後，你還想要繼續行動嗎？我們完全理解這種恐懼和猶豫，如果感覺不妥，那就先暫緩吧。持續反思，過一陣子再問問自己。在工作環境中不斷重新評估你的心理安全感是正常的。在保護自己的同時，也要平衡考量，我們也不希望你因為放棄爭取自己的權益而後悔莫及。

**避免使用電子郵件或簡訊：**盡量少用文字表達，舉行面對面的會議，這樣你就能知道誰在聽。確保你有明確的計畫，知道自己想舉報什麼事、哪些是不相關的內容。這些應該避免在電子郵件和簡訊中討論。

## 處理衝突的原子技巧總結

- 同事可能很難相處，問題或許已經存在很久，並不是你的想像。
- 仔細記錄和謹慎表達。
- 了解傾聽和讓人表達意見的重要性。
- 認清並牢記自己在衝突中的責任。

第10章

# 積極尋找新機遇的原子技巧

瑞莎

記得有一次在急診室值班時，我領悟到要獲得專業經驗和執行我們所謂的「高風險低發生率手術」的機會並不會自動發生。那個案例非常戲劇性，有一位病人因為無法呼吸即將陷入呼吸衰竭，我們無法進行插管（將管子插入喉嚨幫助病人呼吸），其他所有辦法也都失敗了，需要緊急進行「氣切手術」，也就是在頸部前方切開一個洞，放置一根管子形成呼吸管道。這是我朋友的病人，她當時是第四年，也是最後一年的急診醫學訓練生，而我則是第三年。外科團隊在病床邊，認為會由他們進行手術，然而，我的朋友站在床頭自信地宣稱：「這是我的病人，也是我的手術，由我來進行氣切吧」。她辦到了，氣道順利打通，病人穩定下來。在那一刻，我領悟到我一直沒有為自己發聲，對執行這些手術抱持比較被動的態度。我意識到我也有類似的手術，但我並未尋求機會或為自己爭取。觀察我的朋友讓我學會了今後該如何積極主動地為自己爭取機會。

在人生的某個階段，你可能會環顧四周，心想：為什麼別人都在做很酷的事，只有我沒有呢？或許你曾納悶，何時才會有人來幫助我呢？事實是，我們許多人都在等待不會來臨的幫助。並不是說沒有人關心你，而是你周圍的人都在忙於自己的生活。當然，有少數人可以輕鬆獲得專業機會，但大多數機會並不會自動上門，而是需要自己主動去尋找。

認為別人在我們不在場時正在享受美好體驗的這種「錯失恐懼」或渴望參與的感覺，並不完全是一件壞事[1]，可以激勵我們學習關注別人及其職業生涯。透過觀察，你可以見證成功可能的規模和發展空間[2]。閱讀、觀看、聆聽他人的成功故事，你可以得到免費的職場策略指南。

不幸的是，錯失恐懼也有其負面影響，包括可能讓你陷入情緒壓力、動機壓力、感到不知所措、不堪負荷、缺乏安全感和嫉妒。社群媒體和智慧型手機的使用加劇了這個問題[3]。坦白說，很難避免那種錯失的感覺，即使是我們有時也會想知道自己為什麼沒有像別人一樣得到機會，雖然我們知道有很多的機會。

按照個人喜好打造職業生涯是你送給自己的禮物，人生道路和旅程是屬於自己的，我們希望你刻意地為個人事業創造改變的空間，積極尋找機會，新的機遇源於好奇心、對話、分享和傾聽。你有雄心壯志並沒有什麼不好。事實上，正是這種渴望發展的精神驅使你去推動自己、團隊和工作。

在本章，我們描述了七項重要的原子技巧，幫助你尋找下一個機會。

## 積極尋找新機遇的 7 種原子技巧

①學習如何轉化自身技能
②列出潛在的專業發展機會
③學習自信地介紹自己
④爭取極具挑戰性的機會
⑤草擬自己的推薦信
⑥接受機會之前先冷靜思考
⑦承擔新機會時要關心團隊的後續運作

# ① 學習如何轉化自身技能

## 具體的技巧是什麼？

將你目前的技能運用到新的機會中。

艾黛拉

我在接受急診醫師培訓時，以為我的整個職業生涯就是去上班、照顧病人，然後回家。然而，一位特別的導師——烏潔．布萊克斯托克醫師（Dr. Uché Blackstock）——徹底改變了我對醫學學位的理解。我當時還是一名實習生，我們在紐約市一家咖啡館裡坐著，她問起我對未來的職業規畫，我感到一頭霧水，回答說：「我猜我的計畫是幫病人看病？」那是我知道的主要選項。她看著我說：「哦，憑著妳的醫學學位，妳能做的事遠不止這些」。那句話令我終生難忘，因為真正讓我體認到自己可以是醫生、創業家、作家、演講者等。例如，我在醫學和超音波方面的培訓，讓我有機會成為一家醫療新創公司的顧問。我作為導師的經驗促使我寫了多篇專題文章，最終寫了這本書。我的作家經驗促使我成立了一個非營利組織，專注於教導有色人種寫作。我看到自己在專業上所獲得的技能互相補充，幫助創造了新的機會。

## 我們為何需要掌握這項技巧？

當你了解到個人技能的多樣性和可轉移性時，你會開始看到更多選擇，也會發現自己的專業特質對雇主很有吸引力。事實上，許多公司在招聘時，尋找的是具備和所刊登的職位「相關」技能的人才[4]。公司會透過訓練員工完成新的任務來提升其技能[5]。

## 這項技巧為何難以達成？

- 你可能不確定自己有什麼技能。
- 你可能不知道哪些技能可以帶來新的機會。
- 你可能不知道如何利用這些技能來尋找機會。

## 培養這項原子技巧的關鍵行動是什麼？

**列舉自己在家中的固定習慣：**想想你在家中的日常習慣，甚至是那些看似與職場無關的活動。查看你的履歷。請朋友描述他們經常看到你在做什麼。與你信任的人一起集思廣益，列出一份清單。

**挑選出自己具備的技能：**從你的日常習慣清單中，花點時間思考完成這些任務所需的技能，以及這些技能在工作中可能的相關性。

| 目前的固定習慣 | 技能 | 工作應用 |
| --- | --- | --- |
| 定期瑜伽／冥想練習 | 呼吸、放鬆技巧、伸展、情緒穩定性 | 危機管理策略、引導困難對話的技巧 |
| 廣播節目主持人兼製作人 | 與陌生人溝通、建立人脈、採訪、故事敘述與編輯 | 捕捉客戶或專案的故事、主持會議和對話的能力 |
| 健康飲食 | 了解營養、自我照顧、自我寬容，和身心健康 | 重視團隊成員的飲食和營養狀況，以此提升團隊的工作士氣和關懷 |
| 即興喜劇 | 溝通、娛樂、建立信心 | 提升在大型觀眾面前演講的信心，善於打破僵局 |
| 園藝 | 耐心、愛心、希望 | 為工作帶來慰藉和同情，鼓舞士氣的能力 |

**與團隊分享個人技能：**與人分享你的技能，「聽起來好像你需要學習怎麼處理試算表，我在上一份工作中用了很多 Excel，我很樂意幫忙」，或是說「你聽起來好像壓力很大，我經常練習冥想，我很樂意教你」。這種士氣提升和技能分享對每個人都有幫助，包括你自己，以及你作為團隊成員的聲譽。

**用動詞描述自己的技能：**不要用低調的語氣說「我做了這件事」，而是要肯定地說「我發起、組織、指導、發現了這件事」。在申請任何機會時，務必仔細思考你的技能組合，用具體、肯定的詞語和行動動詞來表達這些技能[6]。

## ② 列出潛在的專業發展機會

### 具體的技巧是什麼？

保持一份時常更新的機會和構想清單，以供未來參考和追求。

艾黛拉

在我的網頁瀏覽器上，我有個命名為「機會」的書籤資料夾，位於搜尋欄正下方，是我最常用的一個分頁，我在社交媒體上瀏覽、閱讀文章，或隨意搜尋網路時，都會用到。每當我發現我認為以後可能會有興趣或有用的資訊（例如寫作課程、發展計畫，或獎學金），我就會放到我的「機會」資料夾中，這些連結可能會在那裡保存一年或更長時間，直到派上用場，或確定我不再有興趣深入研究。這種方法的好處是，我能夠快速地歸檔我偶然發現的一些機會，而不必擔心忘記它們，也不需要即時進一步探索。

## 我們為何需要掌握這項技巧？

不管你現在的感受如何，幾年後你可能處於不同的職位，或是你可能還在同一個位置，但希望在職業生涯中有更多收穫。興趣和抱負會改變，我們希望你能做好準備。這個清單可以幫助你回想起曾經感興趣的機會。清單可能包含各種類別，例如：需要認識的人、要申請的機會、要學習的技能。利用這些目錄清單讓你保持行動，隨時掌握現成的資訊。

## 這項技巧為何難以達成？

- 你需要建立一個有組織的檔案系統。
- 你只是在原地踏步，努力地想跟上。
- 有些機會需要你所缺少的人脈資源。

## 培養這項原子技巧的關鍵行動是什麼？

**建立一套追蹤系統：**要簡單且容易使用，開始在日誌、筆記本或雲端（如 Google Drive）記錄你的抱負、興趣和機會。可以寫得簡略些，或是詳細一點。如果你選擇更詳細的內容，並建立書面或電子清單，不妨用描述性詞語對機會和資訊進行分類，例如工作和職位、獎項、課程，或想要認識的人，各自添加網站、聯絡人、電子郵件地址，和相關時程表的欄位。調整自己的方法，確保可持續運行。

**擴展接觸的對象：**你當地的人脈網絡可能無法提供全面的機會清單，思考可以尋找更多機會的方法，社群媒體是個很好的途徑。閱讀並關注在你的領域中表現傑出的人，查看他們的機會，例如在哪裡演講、誰提供他們的團隊資金、他們的升遷情況如何等。注意新崛起的人才，或有成功記錄的人，看看這些人都在做些什麼。如果你不知道，不妨請求與他們見面，當面請益。

**製作訂閱清單：**關注你所在領域的電子報和部落格，這些平台會公告培訓計畫、課程、活動、研討會和工作機會。要有目標地選擇訂閱，以免收件箱的郵件氾濫。取消訂閱任何對你無益處的內容。幾乎各個領域或行業都有全國性組織和地方分會。

**重新審視並修訂清單：**如果你不斷增加項目而只是想慢慢檢視這些機會，不要感到沮喪，這需要時間。請記住，有些機會通常需要提名才能獲得。在職業生涯不同階段你隨時可以暫緩或加快進展，你可能會失去興趣，轉向其他方面，或是最終重新回到某個機會。

# ③ 學習自信地介紹自己

## 具體的技巧是什麼？

學會自在地介紹自己，以便獲得專業機會。

艾黛拉

幾年前，我贏得了一個指導獎，這確實是個深具意義的驚喜。獎項委員會寄給我一封郵件，告知要為頒獎典禮準備一個簡短演講，介紹自己和目前的成就。當時，我對談論自己的成就感到非常不自在，於是準備了兩個版本：一個大約十五秒，另一個大約兩分鐘。在頒獎典禮上，第一位獲獎者簡短地說了幾句，幾乎沒提供什麼資訊。主持人立刻繼續介紹，第二位獲獎者發表了更充實的演說，大約持續了三到四分鐘，這對觀眾來說很有意義而且非常相關，部分內容令人感到振奮，讓我都想問她一些問題。隨後，主持人說：「哇，妳真是太棒了，稍後提醒我跟妳談一些妳會感興趣的事」。我坐在桌旁思索著：「我應該發表哪個演說版本呢？」顯然，較長的演說會得到更多機會，這是我第一次領悟到分享個人經歷的價值。透過分享細節和個人經歷，可以讓人更融入你的故事，產生共鳴。

## 我們為何需要掌握這項技巧？

假設你大部分的人脈都想幫助你，只是可能不知道該從何幫起。事實上，你必須開始練習談論自己：你的職業、個人成就，以及目前的需求是什麼。分享專業成就和興趣有助於別人記住你，當他們看到符合你需求的機會時，就可能會轉發給你。

## 這項技巧為何難以達成？

- 有些人不太願意自我宣傳，我們知道這裡存在性別差異，女性從六年級開始，就對自我宣傳感到不太自在[7]。
- 談論和宣傳個人成就或許會讓人覺得討厭和自我中心。
- 你可能不知道該分享多少內容才算恰當。

## 培養這項原子技巧的關鍵行動是什麼？

**事先準備好自我宣傳的內容：**多加練習，比起我正在尋找新的機會這種說法，你應該要更有說服力地推銷自己，陳述個人具體和正面的特質會有所幫助。在自我宣傳中，要告訴別人你是誰、你有何成就，以及你在追求什麼（見右頁表）。

**練習自我介紹：**與團隊分享你的成就，尋求回饋，根據收到的意見，調整自己的表達方式，讓你覺得自在又真實，同時符合你的個性。

**透過簽名檔自我宣傳：**利用你的電子郵件簽名來介紹自己，將相關連結放在你的姓名和頭銜下方。要有所節制，不要讓人感覺像是你的履歷。

| 你是誰？ | 「我是艾黛拉·蘭德瑞，我是醫生、作家、兼導師。」 | 「我是瑞莎·盧伊斯，我是醫生、醫療保健規畫者、作家、兼廣播節目主持人。」 |
| --- | --- | --- |
| 你有何成就？ | 「我是《原子技巧》一書的共同作者，也是非營利組織 Writing in Color 的共同創辦人。」 | 「我是《原子技巧》一書的共同作者，我透過書寫和演說來分享有關醫療保健和平等的故事。」 |
| 你在追求什麼？ | 「我希望能夠指導更多職場新鮮人關於寫作和職業發展的技能。」 | 「我正在尋找贊助商和想辦法擴大廣播節目的聽眾群及影響力，以彰顯節目嘉賓、其工作成就和故事。」 |

艾黛拉·蘭德瑞，醫學博士、教育學碩士

哈佛醫學院助理教授

Writing in Color 共同創辦人

Twitter 帳號：@AdairaLandryMD

555-555-5555（工作）

瑞莎·盧伊斯，醫學博士

急診醫學教授

女性

個人網站 | Instagram | LinkedIn

**利用個人簡介來自我宣傳：**你在社群媒體上的用戶名和個人簡介是向他人展示自己的方式。在描述自己時，要具體且刻意凸顯個人特質。

**向他人推銷自己：**透過電子郵件或社群媒體與人聯繫是一種試水溫的策略。直接發送訊息，例如，「你好，感謝您加我好友，恭喜您去年 TEDx 精彩的演講」。開始介紹自己和個人成就之前，不妨對介紹做一些個人化的調整。在提出你的要求之前，先看對方是否有回應。如果沒有收到回應，也不要太在意，可以稍後再聯絡一次，若再沒有就找其他機會吧。

## ④ 爭取極具挑戰性的機會

### 具體的技巧是什麼？

要知道，即使你沒有符合所有的申請條件，也要勇敢地去爭取機會。

瑞莎

在高中和大學時期，我沒有做過任何實驗室研究，但到了醫學院時，我覺得我已經準備好想嘗試一下，成為研究人員會是怎樣的體驗呢？我從一位有豐富實驗室研究經驗的同學那裡得知霍華德休斯醫學研究所—美國國家衛生研究院（HHMI-NIH）合作的研究學者計畫。這位同學想成為一名專業醫學科學家，在撰寫補助金申請和研究論文方面也有很豐富的經驗，而我完全沒有這方面的技能。大學時期，我主修的是社會學和種族研究，雖然我知道自己並不是典型的申請者，肯定也是經驗最少的，但在聽說他這一年的豐富經歷後，我決定向我們醫學院院長和這位同學表達我有意申請該計畫，同學並不贊成我的想法，他強調我不是典型的申請者，而且肯定是資歷最淺的。儘管流行病學被列為研究選項之一，但沒有人選擇這個領域（我在見到了其他四十九位計畫成員時，確認了這一點），因此我最終被選中參與該計畫，在癌症流行病學領域完成了一些研究。我相信這一年帶給我許多重要的學習、經歷和機會，最寶貴的教訓是什麼呢？就是即使知道自己不是最強的候選人，都應該勇敢去申請。

## 我們為何需要掌握這項技巧？

自我破壞是真實存在的現象，一般人往往會還沒申請就自動將某些機會排除在外。我們看到一個令人興奮的機會，瀏覽了一下工作要求，只要有個條件不符合就足以讓我們放棄爭取那個職位。想一想這個常被引用的惠普報告（Hewlett-Packard report）統計數據：男性即使只符合六成的資格也會申請工作，而女性只有在百分之百符合資格時才會申請[8]。這是為什麼呢？《哈佛商業評論》的一項研究發現，不同於男性，女性認為每個機會所列出的條件都是必要的[9]。

## 這項技巧為何難以達成？

- 有時候我們感覺自己在說謊、誇大或誤導他人關於自身的能力。
- 我們不想浪費自己或別人的時間。
- 我們害怕被拒絕。

## 培養這項原子技巧的關鍵行動是什麼？

**審查資格：**查看職位描述中所列出的資格要求，如果你符合絕大多數條件，可能只是缺少一兩項，還是勇敢地去申請吧。

**請教熟悉這個機會的人：**寄送郵件或打電話給以往擔任過這個職位的人，請問他們的相關經驗、資格要求，以及聘用標準的嚴格程度。

**安排會談或參加資訊說明會：**如果有聯絡人的資訊，與他們會面交流並表達你的興趣，比方說：「你好，我對這個職位很感興趣，想要澄清一些問題，不知您的時間安排如何，能抽出二十分鐘跟我談一談嗎？」如果有資訊說明會，請報名參加。

**勇於申請：**總之，無論結果如何，任何申請機會都是一個很好的練習。

在回答問題、寫文章或參加面試過程中所進行的自我反思，能讓你審視自己的經歷和專業知識，也能讓你發現以前沒有注意到的不足之處。除了得投入時間和精力外，幾乎沒有什麼壞處。

**留意書面記錄：**請記住，透過工作郵箱發送的電子郵件可能會被監控和轉發，如果隱私權受到侵犯，法律往往會站在雇主那一邊[10]。你正在申請新機會的消息有可能會被傳出去，謹慎思考如果被問及此事，你該如何回應。考慮使用非工作的電子郵箱聯絡。

**告知保密需求：**在面試時，應該要坦誠地說明你尚未告知現任雇主，以便保護你個人的隱私。在某些情況下，新的機會可能會要求你告訴現任雇主你正在找新的工作。

# ⑤ 草擬自己的推薦信

## 具體的技巧是什麼？

透過自行草擬推薦信（LOR）來排除爭取提名機會的障礙。

瑞莎

我最喜歡的職場秘訣之一是關於推薦信，其實不算什麼秘密，但很少有人會告訴你。我在申請第一份工作時，向我的主管要求一封推薦信，他答應了，隨即要求我先寫一份初稿，我驚訝得目瞪口呆，這樣做合法嗎？這算是辦公室瑣事嗎？我會不會惹上麻煩呢？這讓我感覺不太正當。我到處詢問之後才發現，這其實是很常見的做法，並沒有違反任何行為準則，除非有明文規定禁止這麼做。我很快領悟到，由自己起草推薦信非常合理：我最了解自己，可以更容易地從履歷中挑選出相關的客觀事項，分享一些推薦信撰寫人可能不知道或不記得的具體事例和細節。由於這是一種不成文但常見的做法，所以有人向我要求推薦信時，我一定會向他們解釋這一點。

## 我們為何需要掌握這項技巧？

我們撰寫了一篇《快公司》文章〈如何為自己寫推薦信〉，文中解釋了為什麼你會是為自己寫推薦信的最佳人選，因為你最了解自己的成就[11]。別人都很忙，而你的請求會增加對方的工作量。推薦信是對你的個人背景、有什麼成就，以及未來計畫的總結，這些資訊你自己最清楚。既然你已經練習過如何自我宣傳，那麼這只是建立在另一個技能之上的原子技巧。

## 這項技巧為何難以達成？

- 為自己寫推薦信、自我提名，和自我宣傳會讓人覺得很尷尬。
- 要做到具體而不空泛、回憶故事而不讓人覺得自吹自擂並不容易。
- 你發現某個機會有明文規定不得為自己撰寫推薦信，這麼做其實是不合法的。



## 培養這項原子技巧的關鍵行動是什麼？

**主動提供初稿：**當你要求推薦信時，主動提議由自己撰寫初稿（不是完整的最終稿）。甚至考慮提前準備好初稿請對方過目。你可以說：「我很樂意草擬這封推薦信，然後再透過電子郵件寄給您。」

**凸顯推薦信撰寫人的影響力：**大多數推薦信的開頭都是撰寫人（即提交推薦信的人）先行自我介紹。首先描述這個人（與你和你的申請有關）的成就、職稱和角色。保持客觀，並與信函目的相關。

**詳述自己的關鍵特點：**你了解自己在工作中最特殊的成就，務必要具體而明確。分享的內容要簡短、基於事實，且著重於成果。以第三人稱書寫，例如：瑞莎是屢獲殊榮的廣播節目《可見之聲》的主持人和創作者，已有超過一百五十集的節目，吸引了《衛報》（*Guardian*）的關注，在週末文化版中重點介紹了她的節目。

**避免使用誇張的形容詞：**保持描述的客觀性，不要自誇是最好的、最強的或最快的。讓推薦信撰寫人自行修改來傳達關於你的訊息。你的任務是提供客觀且有憑據的職業生涯報告。

**描述該機會的影響：**說明如果得到這個職位或機會將為你帶來什麼影響，將如何幫助你在領導和合作方面的專業發展？要具體說明。你打算如何運用這個曝光、認可和被納入的機會？同時描述你計畫如何幫助他人。

**檢查錯誤：**確保沒有拼寫或語法錯誤，校對並檢查你用的名稱、日期和聯絡資訊是否正確。

**提供其他推薦人名單：**根據經驗，我們所讀過或寫過最好的推薦信都包括引述名人的評論，這些人可以證明你的優勢。精選二到三位可為你提供評語的人選，列出他們的姓名和電子郵件地址等聯絡資訊。

# ⑥接受機會之前先冷靜思考

## 具體的技巧是什麼？

在接受一個機會之前，事先仔細調查，以評估其可行性。

艾黛拉

有一次，我被邀請參加一個全國性的座談會，我認識其他五位小組討論成員和兩位主持人，我之前曾與當中一些人共事過，他們都很友善、聰明、又有條理，也全都是男性。我好幾週前就已經在社群媒體上看到了這個座談會的宣傳廣告，當我收到邀請時，座談會定於兩週後舉行，這麼晚才收到邀請讓我感覺有些奇怪，因為我需要訂機票和旅館。有些朋友提供了一些內幕消息，主辦單位最近收到回饋說座談會成員的同質性過高，他們不想從頭開始籌畫新的座談會，於是試圖在最後一刻加入我這位黑人女性。過去我曾是許多活動的「附加品」，滿足各種名目的「多元化招募」。在我現階段的職業生涯，我決定不再接受這種安排，這讓人感覺很不好。雖然我懷疑座談會成員可能認為這做法是正確的，但我還是相信自己的直覺，決定這個座談會無益於我的專業發展，我還有其他重要的事情要處理，而且這個內幕消息也讓我失去興趣。因此，經過深入調查之後，我決定拒絕參加，我很高興自己做了這個選擇。

## 我們為何需要掌握這項技巧？

你很少會需要倉卒做出決定，然而，對許多人來說，也許是因為錯失恐懼，拒絕別人並不容易。事後才領悟可能會導致怨恨、不想參與，和壓力過大。你可能會懷疑：「我到底為什麼要答應這件事？」這項原子技巧屬於自我照顧範疇，是設定界限的健康方式。

## 這項技巧為何難以達成？

- 很難事先發現問題和缺陷，這需要時間、經驗和判斷力。
- 拒絕一個機會可能會讓人感到不安。
- 你可能不知道該問什麼問題或該尋找什麼。
- 你可能會為危險訊號找藉口，不相信自己的直覺，並合理化不良的文化。
- 你不想讓別人失望。
- 你擔心錯失這次機會。

## 培養這項原子技巧的關鍵行動是什麼？

**練習暫停片刻，避免草率回應：**要友善、直接，並提供誠實的解釋[12]。事先想好突然被問及時可以立刻運用自如的澄清問題或常用說法，比方說：「哇，謝謝你考慮我。我可以先了解一下再決定嗎？」

**請求行政支援：**根據機會的性質，有些工作或許可以獨立完成，而有些可能需要額外的人力和腦力激盪。必要時，請求行政支援的相關訊息，要特別小心缺乏支援的機會，因為這有可能變成你沉重的負擔。可以請問：「你似乎想要舉辦一個大型活動，我可以得到行政支援來協助籌辦嗎？」

**查明是否有合作夥伴：**有些機會之所以令人驚豔，不是因為工作內容，而是因為你將與之合作的人。你是否能從他們那裡學到東西？你能指導他們嗎？你有興趣指導嗎？詢問他們是否打算要離職，你不會希望接受機會之後發現他們正打算或已經離職了。

**確認機會是否滿足個人需求：**最好要有判斷力，這是你需要、想要或渴望的機會嗎？如果這可能是很吸引人或正面的機會，那就找出能使之變得更好或更棒的因素，然後提出要求：「這個機會聽起來很棒，但我需要有預算來支持招募多元化和包容性的團隊。」如果沒有明顯的好處，那就拒絕吧。

**考慮職位的稀缺性：**有些職位確實是千載難逢，評估一下是否屬於這種情況，如果是的話，這個機會可能稍縱即逝，那就要仔細考慮一下，請教其他熟悉這個機會的人，我們不希望你後悔。

**查明需要哪些技能：**如果新機會是一份工作，請詢問負責招聘的人或主管有沒有培訓輔導課程。你想要成功，不妨像這樣表達：「我注意到這份工作需要我平衡重要的預算，我已經成功平衡了一個較小的預算，我很樂意定期與您或有類似經驗的人會面，確保我的進展方向正確。」

**查明機會的公平性並避免爭議：**打聽一下這個機會過去是否有任何爭議，確保該職位有公平的聲譽。向信任的朋友詢問薪資公平問題，相信我們，提早知道這一點會比較好。仔細探究到底存在多少不公平的事，網路是你的朋友，搜尋並深入了解這個機會，確保如果你加入的話不會損害你的聲譽。

**所有機會都要以書面形式確認：**有時你的同儕、主管或招聘人員會口頭提供你機會，這樣很好……但這並不能保證會實現，務必要求書面確認。雖然口頭承諾看起來可信，但很可能被輕易撤銷。瑞莎有過這樣的經驗，有人口頭上提供了一份工作，也告訴她很快就會收到聘書，但最終卻沒收到，令人扼腕！

**檢查聘書內容：**你不見得會收到聘書，但對於一些重要的機會，很可能會。因此，若收到聘書時，在簽字確認之前務必詳細閱讀，以確保與所討論的內容相符。我們看過很多例子，聘書與討論時所提供的條件不符，這真的會讓人感覺很不好。請一位值得信任的人幫忙看看，例如有經驗的導師、律師，最好是擔任過類似職位的人。

# ⑦ 承擔新機會時要關心團隊的後續運作

## 具體的技巧是什麼？

在交接任務和轉換工作時要慎重處理。

瑞莎

我知道自己需要時間來寫這本書，因此必須暫時停止急診室的許多輪班工作，除此之外，還包括教學和行政工作的部分，例如組織研討會、授課、每週開會等等。我知道請假會增加其他人的工作量，因此我想出了一些方法來減輕團隊成員的負擔，例如，我們開始輪流負責組織、設定議程和主持每週會議的人員，這麼一來，我可以根據需要提供指導和輔導。重要的是，就專業發展而言，這使年輕的團隊成員有機會累積經驗並得到支持。其次，在我開始寫作休假的六個月前，我就已經事先安排好，確認了整個學年度每月講座系列的嘉賓，這樣就不需要臨時邀請講者，而這個客座演講系列也不會中斷（對團隊來說，這是一個重要的教育和交流機會）。

## 我們為何需要掌握這項技巧？

隨著我們的成長和發展、轉換技能、準備好迎接下一個職位，我們很可能會面臨更多的工作需求，超出了目前的日常工作範圍，因此，許多工作可能會落到其他團隊成員身上。如果未能履行承諾，可能會影響團隊的生產力和士氣，這樣做既不體貼，也不公平，更不是個好主意，要注意，在追求自我成長的同時，也要考慮到別人，你必須思考如何把任務轉交出去，以及如何與上級主管溝通這些請求。要有心理準備，他們或許會要求你繼續承擔這些工作。

## 這項技巧為何難以達成？

- 脫離工作責任會讓人感到冷漠和孤立。
- 將任務移交給團隊會引起憤恨。
- 人都會只想做自己感興趣的任務和計畫，而避開比較無趣和缺乏啟發性的工作。

## 培養這項原子技巧的關鍵行動是什麼？

**定期溝通：**定期與團隊溝通你的職業成長計畫，以減少任何不滿情緒。討論團隊工作分配情況，並力求公平。

**安排個人行事曆：**利用行事曆來規畫時間並標記截止日期，以免錯過任務。保持一份需要完成的工作職責和計畫清單，並定期檢視。

**委派和分工：**轉型或過渡時期是進行盤點的最佳時機，找出你手邊應該委派給他人的工作。有沒有團隊成員想把握機會承擔更多責任？能否將計畫分成幾個部分，讓一些人共同協助？

**慎重且有計畫地提前告知：**給予尊重的離職通知，說明你正在發展職涯並轉向新機會。通知時間長短會有所不同，取決於具體情況、合約條款和職場文化。建議親自告知主管，而不是透過電子郵件、簡訊或電話。保持熱情，切記，離開時留下好印象是很重要的，因為你的下一個職位可能需要主管做推薦人，而且未來的職位和人事變化都難以預料。

## 積極尋找新機遇的原子技巧總結

- 積極地思考並實現下一個機會。
- 集思廣益，記錄下各種可能的機會，並找人討論這些潛在的機會。
- 在學習新技能或考慮新機會時，要注意對團隊造成的影響。

# 結語

我們在開始撰寫《原子技巧》時，職場的三個真理逐漸清晰。

- **真理 1：**時間一去不復返，我們無法存取時間，因此我們需要有意識、深思熟慮、甚至策略性地運用這寶貴的資源。
- **真理 2：**世界並不平等，每個人各不相同，包括我們的起點、所擁有的特權和優勢。更重要的是，有些人在職場中更受歡迎，也更有歸屬感。
- **真理 3：**如果有管道的話，學習是無限的。當所有人都能獲取資訊時，就可以學無止境。

運用這些原子技巧從微小行動到產生巨大影響，我們希望你牢記這三個真理。職業成長和發展旅程不只關乎你一人，而是涉及到職場的三個關鍵組成部分：個人、團隊和工作，這些都應該和諧共存，而不是相互衝突，也不是以犧牲他人為代價。原子技巧不是獨立存在的小行動，各技能之間有重疊或適用性，而且能相互促進，讓任何大型任務都顯得可行。你在面對龐大的任務、艱巨的計畫、嚴重的問題、遠大的目標時，我們希望你能暫停一下，思考這個情況，並拆解成小部分：哪一個原子技巧適用於此？為什麼需要？為什麼很難？可以採取哪些關鍵行動？

我們在職場上總計有超過五十年的工作經驗，涵蓋了醫學、學術界、私營事業、非營利事業，以及藝術領域。我們撰寫《原子技巧》一書，是為了讓職場對你來說更輕鬆、更透明、更直接。

本書大部分內容來自於我們的親身經驗和私人顧問團成員的教導，也來自我們的工作環境以及所有的教育資源。如果沒有這些幫助，我們將一無所成。我們寫下自己當初在進入職場時就希望能擁有的指南，希望這本書能成為你職業生涯眾多重要書籍之一。我們很樂意聽取你的意見，請在社群媒體上分享你學到的經驗，請關注我們、標記我們、給我們留言，或在貼文中加上書籍標籤 #MicroSkills。

致謝

我們感謝無數人給予我們的支持，以及對本書付出的貢獻。
感謝大家的熱情。

Abby Wambach
Abi Turano
Aditi Joshi
Al'ai Alvarez
Alex Soojung-Kim Pang
Alicia Maule
Alyson McGregor
Alister Martin
Almaz Dessie
Amie Varley
Amiera Landry
Amorina Lopez
Amy Bernstein
Amy Celico
Amy Edmondson
Amy Gallo
Amy Reiss
Anand Swaminathan
Andrea Austin
Anita Chary
Anne Maitland
April Dinwoodie
Ari Lipsky
Azita Hamedani
Barb Natterson-Horowitz
Beth Schonning
Beverly Landry
Bora Tekogul
Brad Johnson
Cara Natterson
Carl Preiksaitis
Catherine Fullerton
Celeste Mergens
Charlotte Sutton
Chase Landry
Chelsea Larsson
Christine Laine
Dan Egan
Daniel Goldman
Daniel Nava
Danielle Ofri
Darilyn Moyer
Darin Wiggins
Dan Dworkis
Dave Smith
David Bach
David Hem
David Landry Jr.
David Landry Sr.
Deborah Estrin
Devora Zack
Eden Railsback
Ellen Lupton
Emi Ikkanda
Emily Silverman
Eric Nadel
Eric Shappell
Erin Peavey
Eva Niyibizi
Everett Lyn
Farah Dadabhoy
Farrah Siganporia
Farah Siraj
Felix Ankel
Frances Schulz
Francesca Grossberg
Francesca Irene Decker
Gillianne Defoe
Gita Pensa
Giuliano de Portu
Gretchen Diemer
Hannah Wild
Helen Burstin
Hazar Khidir
Heidi Messer
Imoigele Aisiku
Jaidree Braddix
James Li

Janae Sharp
Jane Van Dis
Jason Han
Jason Woods
Jay Baruch
Jeff Liguori
Jeffrey Chou
Jeffrey Manko
Jennifer Freyd
Jenny Mladenovic
Jessica Meyer
Jessie Gold
Jiho Huang
Jill Baren
Jill Schlesinger
Jo Shapiro
Jordan Grumet
Jordana Haber
Joy Scaglione
Julie Silver
K. Anis Ahmed
Kali Cyrus
Karen Catlin
Kasturi Pananjady
Kathleen Brandenburg
Kaylah Maloney
Keivn Webb
Kemi Doll
Kim LaPean
Kim Newby
Kim Scott
Laura Rock
Laurence Amar
Linda Babcock
Lisa DiMona
Lisa McGann
Lissa Warren
Louise Aronson
Luke Messac
Lynn Fiellin
Maggie Apollon
Marc Harrison
Maria O'Rourke
Marianne Neuwirth
Marie-Carmelle Elie
Marina Catallozzi
Marina Del Rios
Mark Clark
Mark Foran
Mark Pearlman
Maureen Gang
Mavis Zondervaan
Maya Alexandri
Mecca Jamilah Sullivan
Megan Ranney
Michael Gottlieb
Michelle Finkel
Michelle Johnston
Michelle Lin
Mike Gisondi
Mike Van Rooyen
Minda Harts
Miriam Laufer
Nassim Assefi
Nikita Joshi
Noliwe Rooks
Ojeagbase Asikhia
Pat Pinckombe
Patrish Gagnon
Paula Johnson
Paule Joseph
Peilin Chou
Peter Joseph
Peter Tomaselli
Peter Weimersheimer
Phyllis Hwang
Pooja Lakshmin
Rana Awdish
Rehan Kapadia
Riss Hauptman
Robert Liguori
Robin Landry
Ron Walls
Ruchika Tulshyan
Sayantani DasGupta
Sean McGann
Serena Murillo
Seth Godin
Sharonne Hayes
Sheila Heen
Soledad O'Brien
Sree Natesan
Stesha Doku
Subha Airan-Javia
Susan Chon
Suzanne Koven
Suzanne Rivera
Tamieka Evans
Teresa Chan
Tess Jones
Tomas Chamorro-Premuzic
Tommy Wong
Tracy Sanson
Trish Henwood
Troy Foster
Uché Blackstock
Vanessa Kroll Bennett
Vanessa Wells
Veena Vasista
Venetia Dale
Vinny Arora
Wendy Coates

# 註解

## 引言


❶ Kimber P. Richter, Lauren Clark, Jo A. Wick, et. al., "Women Physicians and Promotion in Academic Medicine," *N Engl J Med*, pp. 2148-2157, November 26, 2020, https://pubmed.ncbi.nlm.nih.gov/33252871/

❷ Andrea C. Fang, Sharon A. Chekijian, Amy J. Zeidan, et. al., "National Awards and Female Emergency Physicians in the United States: Is the 'Recognition Gap' Closing?" *J Emerg Med*, pp. 540-549, November 2020, https://pubmed.ncbi.nlm.nih.gov/34364703/

❸ Elizabeth Cooney, "Salary Gap between Male and Female Physicians Adds Up To $2 Million in Lifetime Earnings," *STATNews.com*, December 6, 2021, https://www.statnews.com/2021/12/06/male-female-physician-salaries-gap-2-million-lifetime-earnings/

❹ "The Majority of U.S. Medical Students Are Women, New Data Show," AAMC.org, December 9, 2019, https://www.aamc.org/news/press-releases/majority-us-medical-students-are-women-new-data-show

❺ "Faculty Roster: U.S. Medical School Faculty," AAMC.org, https://www.aamc.org/data-reports/faculty-institutions/report/faculty-ros-ter-us-medical-school-faculty

❻ Patrick Boyle, "What's Your Specialty? New Data Show the Choices of America's Doctors by Gender, Race, and Age," AAMC.org, January 12, 2023, https://www.aamc.org/news/what-s-your-specialty-new-data-show-choices-america-s-doctors-gender-race-and-age

❼ Amy Paturel, "Why Women Leave Medicine," AAMC.org, October 1, 2019, https://www.aamc.org/news/why-women-leave-medicine

❽ Cameron J. Gettel, D. Mark Courtney, Pooja Agrawal, et al., "Emergency medicine physician workforce attrition differences by age and gender," *Acad Emerg Med.*, pp. 1-9, June 14, 2023, https://onlinelibrary.wiley.com/action/showCitFormats?doi=10.1111%2Facem.14764


## 第 1 章


❶ "Self-care," *Merriam-Webster.com Dictionary*, Merriam-Webster, https://www.merriam-webster.com/dictionary/self-care, accessed September 19, 2023.

❷ Eva S. Schernhammer and Graham A. Colditz, "Suicide Rates Amont Physicians: A Quantitative and Gender Assessment (Meta-Analysis)," *Am J Psychiatry*, December 2004, https://ajp.psychiatry-online.org/doi/pdf/10.1176/appi.ajp.161.12.2295

❸ Stacy Weiner, "Doctors forgo mental health care during pandemic over concerns about licensing, stigma," *AAMC News*, December 10, 2020, https://www.aamc.org/news/doctors-forgo-mental-health-care-during-pandemic-over-concerns-about-licensing-stigma

❹ Jennifer J. Robertson and Brit Long, "Medicine's Shame Problem," *The Journal of Emergency Medicine*, vol. 57, issue 3, pp. 329–338, September 2019, https://www.sciencedirect.com/science/article/pii/S0736467919305505; Liselotte N. Dyrbye, Colin P. West, Christine A. Sinsky, et. al., "Medical Licensure Questions and Physician Reluctance to Seek Care for Mental Health Conditions," *Mayo Clinic Proceedings*, vol. 92, issue 10, pp. 1486-1493, October 2017, https://www.mayoclinicproceedings.org/article/S0025-6196(17)30522-0/fulltext

❺ Joseph V. Simone, "Understanding Academic Medical Centers: Simon's Maxims," *Clin Cancer Res*, vol. 1, issue 9, pp. 2281-2285, September 1, 1999, https://aacrjournals.org/clincancerres/article/5/9/2281/287826/Understanding-Academic-Medical-Centers-Simone-s

❻ Sara Moniuszko, "Want to live to 100? 'Blue Zones' expert shares longevity lessons in new Netflix series," *CBS News*, August 30, 2023, https://www.cbsnews.com/news/blue-zone-expert-longevity-lessons-netflix-series/

❼ Susan Stelter, "Want to Advance in Your Career? Build Your Own Board of Directors," *Ascend*, May 9, 2022, https://hbr.org/2022/05/want-to-advance-in-your-career-build-your-own-board-of-directors

❽ Sara Gray, "Fail Better with a Failure Friend," *feminem.org*, December 5, 2017, https://feminem.org/2017/12/05/fail-better-failure-friend/

❾ Alex M. Wood, Stephen Joseph, Joanna Lloyd, and Samuel Atkins, "Gratitude Influences Sleep through the Mechanism of Pre-sleep Cognitions," *Journal of Psychosomatic Research*, vol. 66, issue 1, pp. 43–48, January 2009, https://pubmed.ncbi.nlm.nih.gov/19073292/

❿ "How Much Sleep Do I Need?" Centers for Disease Control and Prevention, https://www.cdc.gov/sleep/about_sleep/how_much_sleep.html

⓫ "What Are Sleep Deprivation and Deficiency?" National Heart, Lung, and Blood Institute, https://www.nhlbi.nih.gov/health/sleep-deprivation#:~:text=Sleep%20deficiency%20is%20linked%20to,adults%2C%20teens%2C%20and%20children

⓬ Adaira Landry and Resa E. Lewiss, "Four Evidence-backed Reasons to Say 'No' to Early-morning Meetings," *Nature*, October 26, 2022, https://www.nature.com/articles/d41586-022-03461-6?utm_medium=Social&utm_campaign=nature&utm_source=Twitter#Echobox=166687141 2

⓭ Ian M. Colrain, Christian L. Nicholas, and Fiona C. Baker, "Alcohol and the Sleeping Brain," *Handb Clin Neurol*, vol. 125, pp. 415-31, 2014, https://www.ncbi.nlm.nih.gov/pmc/articles/PMC5821259/; Timothy Fitzgerald and Jeffrey Vietri, "Residual Effects of Sleep Medications Are Commonly Reported and Associated with Impaired Patient-Reported Outcomes among Insomnia Patients in the United States," *Sleep Disord*, December 9, 2015, https://pubmed.ncbi.nlm.nih.gov/26783470/

⓮ Ravinder Jerath, Connor Beveridge, and Vernon A. Barnes, "Self-Regulation of Breathing as an Adjunctive Treatment of Insomnia," *Front Psychiatry*, vol. 9, p. 780, January 9, 2019, https://www.ncbi.nlm.nih.gov/pmc/articles/PMC6361823/

⓯ Virgin Pulse, "8 Ways to Quiet Your Mind and Sleep Better Tonight," 2020, https://hr.unc.edu/wp-content/uploads/sites/222/2020/04/8-Ways-to-Quiet-Your-Mind-and-Sleep-Better-Tonight.pdf

⓰ Will Stone, "Sleeping in a Room Even a Little Bit of Light Can Hurt a Person's Health, Study Shows," *NPR*, March 29, 2022, https://www.npr.org/2022/03/29/1089533755/sleeping-in-a-room-even-a-little-bit-of-light-can-hurt-a-persons-health-study-sh

⓱ Kenji Obayashi, Keigo Saeki, and Norio Kurumatani, "Bedroom Light Exposure at Night and the Incidence of Depressive Symptoms: A Longitudinal Study of the HEIJO-KYO Cohort," *American*

*Journal of Epidemiology*, vol. 187, issue 3, pp. 427–434, March 2018, https://doi.org/10.1093/aje/kwx290

⓲ "Is Eating Before Bed Bad for You?" *Cleveland Health*, March 23, 2022, https://health.clevelandclinic.org/is-eating-before-bed-bad-for-you/

⓳ Christopher E. Kline, "The bidirectional relationship between exercise and sleep: Implications for exercise adherence and sleep improvement," *Am J Lifestyle Med*, vol. 8, issue 6, pp. 375-379, November 2014, https://www.ncbi.nlm.nih.gov/pmc/articles/PMC4341978/

⓴ Ferris Jabr, "Why Your Brain Needs More Downtime," *Scientific American*, October 15, 2013, https://www.scientificamerican.com/article/mental-downtime/

㉑ Alex Soojung-Kim Pang, *Rest: Why You Get More Done When You Work Less*, Basic Books, June 12, 2018

㉒ Arlie Russell Hochschild with Anne Machung, "Second Shift: Working Parents and the Revolution at Home," Viking Penguin, 1989.

㉓ Allison E. McWilliams, "The Critical Need for Intentional Rest," *Psychology Today*, June 9, 2023, https://www.psychologytoday.com/us/blog/your-awesome-career/202306/the-critical-need-for-intentional-rest

㉔ Lawrence M. Berger and Jason N. Houle, "Parental Debt and Children's Socioeconomical Well-being," American Academy of Pediatrics, February 1, 2016, https://publications.aap.org/pediatrics/article-abstract/137/2/e20153059/52721/Parental-Debt-and-Children-s-Socioemotional-Well?redirectedFrom=fulltext?autologincheck=redirected

㉕ Kat Tretina and Mike Cetera, "11 Student Loan Forgiveness Programs: How To Qualify," *Forbes Advisor*, updated September 27, 2023, https://www.forbes.com/advisor/student-loans/student-loan-forgiveness-programs/

㉖ Annika Olson, "Millenials have almost no chance of being able to afford a house. This is what can be done," *CNN*, March 23, 2021, https://www.cnn.com/2021/03/23/opinions/millennials-almost-impossible-to-afford-home-olson/index.html

㉗ "r/financialindependence," *Reddit*, https://www.reddit.com/r/fi-nancialindependence/

㉘ Liz Frazier, "11 Financial Advisor Red Flags That You Should Never Ignore," *Forbes*, May 15, 2017, https://www.forbes.com/sites/lizfrazierpeck/2017/05/15/11-financial-advisor-red-flags-that-you-should-never-ignore/?sh=547f71296cb1

㉙ Greg McFarlane, "Reasons Why Life Insurance May Not Be Worth It," *Investopedia*, https://www.investopedia.com/financial-edge/0312/when-life-insurance-isnt-worth-it.aspx

㉚ Tomas Chamorro-Premuzic, "Attractive People Get Unfair Advantages at Work. AI Can Help," *Harvard Business Review*, October 31, 2019, https://hbr.org/2019/10/attractive-people-get-unfair-advan-tages-at-work-ai-can-help

㉛ "What You Wear to Work May Be Preventing You from Getting a Promotion," Robert Half Talent Solutions, May 8, 2018, https://press.roberthalf.com/2018-05-08-What-You-Wear-To-Work-May-Be-Preventing-You-From-Getting-A-Promotion

㉜ Adaira Landry and Resa E. Lewiss, "Emergency doctors share 7 longevity foods they eat to stay 'healthy, full and energized' every day," *CNNBC Make It*, March 24, 2023, https://www.cnbc.com/2023/03/24/emergency-doctors-share-the-foods-they-eat-to-stay-healthy-full-and-energized-all-day.html

㉝ "Home Oral Care," American Dental Association, https://www.ada.org/resources/research/science-and-research-institute/oral-health-topics/home-care

❸❹ "How to Quit Smoking," Centers for Disease Control and Prevention, https://www.cdc.gov/tobacco/campaign/tips/quit-smoking/index.html

❸❺ "Only the overworked die young," *Harvard Health Publishing*, December 14, 2015, https://www.health.harvard.edu/blog/only-the-overworked-die-young-201512148815

❸❻ Timothy J. Buschman, Markus Siegel, Jefferson E. Roy, and Earl K. Miller, "Neural substrates of cognitive capacity limitations," PNAS.org, July 5, 2011, https://www.pnas.org/doi/pdf/10.1073/pnas.1104666108

❸❼ Lebene Richmond Soga, Yemisi Bolade-Ogunfodun, Marcello Mariani, Rita Nasr, and Benjamin Laker, "Unmasking the Other Face of Flexible Working Practices: A Systematic Literature Review," *Journal of Business Research*, vol. 142, pp. 648–662, March 2022, https://www.sciencedirect.com/science/article/pii/S0148296322000364


## 第 2 章


❶ Brad Aeon, "The Philosophy of Time Management," TEDx, https://www.ted.com/talks/brad_aeon_the_philosophy_of_time_management

❷ Greg Kihlstrom, "The ROI of Great Employee Experience," *Forbes*, October 16, 2019, https://www.forbes.com/sites/forbesagencycouncil/2019/10/16/the-roi-of-great-employee-experience/?sh=4aa37aaa4d7c

❸ Dave Wendland, "Brainstorming More Effectively," *Forbes*, January 13, 2023, https://www.forbes.com/sites/forbesagencycouncil/2023/01/13/brainstorming-more-effectively/?sh=328dbac73252

❹ Laura Hennigan and Cassie Bottorff, "How To Create a Simple, Effective Project Timeline In Six Steps," *Forbes*, updated July 19, 2023, https://www.forbes.com/advisor/business/software/create-a-project-timeline/

❺ Laura A. Brannon, Paul J. Hershberger, and Timothy C. Brock, "Timeless demonstrations of Parkinson's first law," *Psychonomic Bulletin & Review*, pp. 148-156, March 1999, https://link.springer.com/article/10.3758/BF03210823

❻ Rachel Layne, "For entrepreneurs, Blown Deadlines Can Crush Big Ideas," *Harvard Business School*, September 29, 2021, https://hbswk.hbs.edu/item/for-entrepreneurs-blown-deadlines-can-crush-big-ideas

❼ Seth Godin, *The Dip: A Little Book That Teaches You When to Quit (and When to Stick)*, Portfolio, May 10, 2007

❽ Kristen Fuller, "The Joy of Missing Out," *Psychology Today*, July 26, 2018, https://www.psychologytoday.com/us/blog/happiness-is-state-mind/201807/jomo-the-joy-missing-out

❾ David Lancefield, "Stop Wasting People's Time with Meetings," *Harvard Business Review*, March 14, 2022, https://hbr.org/2022/03/stop-wasting-peoples-time-with-bad-meetings

❿ Linda Babcock, Maria P. Recalde, and Lise Vesterlund, "Why Women Volunteer for Tasks That Don't Lead to Promotions," *Harvard Business Review*, July 16, 2018, https://hbr.org/2018/07/why-women-volunteer-for-tasks-that-dont-lead-to-promotions#:~:text=Averaging%20across%20the%2010%20rounds,one%20of%20the%2010%20rounds.


## 第 3 章


❶ Carmine Gallo, "How Great Leaders Communicate," *Harvard Business Review*, November 23, 2022, https://hbr.org/2022/11/how-great-leaders-communicate

❷ Jeff Thompson, "Is Nonverbal Communication a Numbers Game?" *Psychology Today*, September 30, 2011, https://www.psychologytoday.com/us/blog/beyond-words/201109/is-nonverbal-communication-a-numbers-game

❸ Daniel Goleman and Richard E. Boyatzis, "Emotional Intelligence Has 12 Elements. Which Do You Need to Work On?" *Harvard Business Review*, February 6, 2017, https://hbr.org/2017/02/emotional-intelligence-has-12-elements-which-do-you-need-to-work-on

❹ Brené Brown, "Clear Is Kind. Unclear Is Unkind," Brené Brown, October 15, 2018, https://brenebrown.com/articles/2018/10/15/clear-is-kind-unclear-is-unkind/

❺ Resa Lewiss, "How an Old Technology Became a Disruptive Innovation," TEDMED, https://www.tedmed.com/talks/show?id=293054

❻ Paul J. Zak, "Why Your Brain Loves Good Storytelling," *Harvard Business Review*, October 28, 2014, https://hbr.org/2014/10/why-your-brain-loves-good-storytelling

❼ Anne Gulland, "Men Dominate Conference Q&A Sessions—Including Online Ones," *Nature*, December 1, 2022, https://www.nature.com/articles/d41586-022-04241-y

❽ Valerie Fridland, "First Came Mansplaining, Then Came Manterruptions," *Psychology Today*, January 31, 2021, https://www.psychologytoday.com/us/blog/language-in-the-wild/202101/first-came-mansplaining-then-came-manterruptions

❾ Resa E. Lewiss, "Dave Smith and Brad Johnson: Men Can Be Better Allies," *The Visible Voices Podcast*, https://www.thevisiblevoicespodcast.com/episodes/eIggkbFMIhi1rU9tVZJ1w; David G. Smith and W. Brad Johnson, "Good Guys: How Men Can Be Better Allies for Women in the Workplace," *Harvard Business Review Press*, October 13, 2020.

❿ "mansplain," *Merriam-Webster*, https://www.merriam-webster.com/dictionary/mansplain, accessed August 8, 2023

⓫ Jessica Bennett, "How Not to Be 'Manterrupted' in Meetings," *TIME*, January 14, 2015, updated January 20, 2015, https://time.com/3666135/sheryl-sandberg-talking-while-female-manterruptions/

⓬ ibid

⓭ Laurel Farrer, "The Art of Asynchronous: Optimizing Efficiency in Remote Teams," *Forbes*, December 10, 2020, https://www.forbes.com/sites/laurelfarrer/2020/12/10/the-art-of-asynchronous-optimizing-efficiency-in-remote-teams/?sh=6ffd2e88747c

⓮ "The 12 second Rule: How can you Plan your Emails Accordingly?" *Upland*, https://uplandsoftware.com/adestra/resources/blog/12secondrule/; L. Ceci, "Average time people spend reading brand emails from 2011 to 2021," *Statista*, November 2, 2021, https://www.statista.com/statistics/1273288/time-spent-brand-emails/

⓯ Shep Hyken, "Sixty-Five Percent Of Emails Are Ignored," *Forbes*, October 4, 2020, https://www.forbes.com/sites/shephyken/2020/10/04/sixty-five-percent-of-emails-are-ignored/?sh=5d6737ec1e6a

⓰ Dan Bullock and Raúl Sánchez, "What's the Best Way to Communicate on a Global Team?" *Harvard Business Review*, Ascend, March 22, 2021, https://hbr.org/2021/03/whats-the-best-way-to-communicate-on-a-global-team

⓱ Carol Waseleski, "Gender and the Use of Exclamation Points in Computer-Mediated Communication: An Analysis of Exclamations Posted to Two Electronic Discussion Lists," *Journal of Computer-Mediated*

*Communication*, vol. 11, issue 4, pp. 1012-1024, October 9, 2006, https://onlinelibrary.wiley.com/doi/full/10.1111/j.10836101.2006.00305.x; David Ruth, "Women use emoticons more than men in text messaging :-)," *Rice University*, October 10, 2012, https://news2.rice.edu/2012/10/10/women-use-emoticons-more-than-men-in-text-messaging/

⓲ Abigail Johnson Hess, "Here's How Many Hours American Workers Spend on Email Each Day," *CNBC*, Make It, September 23, 2019, https://www.cnbc.com/2019/09/22/heres-how-many-hours-american-workers-spend-on-email-each-day.html

⓳ Adaira Landry and Resa E. Lewiss, "What a Compassionate Email Culture Looks Like," *Harvard Business Review*, March 16, 2021, https://hbr.org/2021/03/what-a-compassionate-email-culture-looks-like

⓴ Zahid Saghir, Javeria N. Syeda, Adnan S. Muhammad, and Tareg H. Balla Abdalla, "The Amygdala, Sleep Debt, Sleep Deprivation, and the Emotion of Anger: A Possible Connection?" *National Library of Medicine*, Cureus, vol. 10, issue 7, July 2, 2018, https://www.ncbi.nlm.nih.gov/pmc/articles/PMC6122651/

㉑ Adaira Landry and Resa E. Lewiss, "What a Compassionate Email Culture Looks Like," *Harvard Business Review*, March 16, 2021, https://hbr.org/2021/03/what-a-compassionate-email-culture-looks-like

㉒ School of Infection and Immunity, "Core Hours Policy," University of Glasgow, https://www.gla.ac.uk/schools/infectionimmunity/athenaswan/athenaswaninitiatives/#corehourspolicy; "Athena Swan Charter," *Advance HE*, https://www.advance-he.ac.uk/equality-charters/athena-swan-charter

## 第4章

❶ Ryan Erskine, "20 Online Reputation Statistics That Every Business Owner Needs to Know," *Forbes*, September 19, 2017, https://www.forbes.com/sites/ryanerskine/2017/09/19/20-on-line-reputation-statistics-that-every-business-owner-needs-to-know/?sh=2a54a454cc5c

❷ Kathleen L. McGinn and Nicole Tempest, "Heidi Roizen," Harvard Business School Case 800-228, January 2000, https://www.hbs.edu/faculty/Pages/item.aspx?num=26880; Daphna Motro, Jonathan B. Evans, Aleksander P. J. Ellis, and Lehman Benson III, "Race and Reactions to Women's Expressions of Anger at Work: Examining the Effects of the 'Angry Black Woman' Stereotype," *Journal of Applied Psychology*, vol. 107, issue 1, pp. 142–152, https://psycnet.apa.org/record/2021-32191-001

❸ Marshall Goldsmith, "Reducing Negativity in the Workplace," *Harvard Business Review*, October 8, 2007, https://hbr.org/2007/10/reducing-negativity-in-the-wor

❹ Sabina Nawaz, "The Problem with Saying 'Don't Bring Me Problems, Bring Me Solutions,'" *Harvard Business Review*, September 1, 2017, https://hbr.org/2017/09/the-problem-with-saying-dont-bring-me-problems-bring-me-solutions?utm_medium=social&utm_campaign=hbr&utm_source=twitter&tpcc=orgsocial_edit

❺ "Shame in Medicine," *The Nocturnists*, 2022, https://www.thenoc-turnists-shame.org/

❻ Andrea K. Bellovary, Nathaniel A. Young, and Amit Goldenberg, "Left- and Right-Leaning News Organizations' Negative Tweets Are More Likely to be Shared," *Harvard Business School*, https://www.hbs.edu/ris/Publication%20Files/Left-%20and%20Right-Leaning%20News%20_3d45857a-8210-4d4a-83d5-01508848006a.pdf

❼ Adaira Landry and Resa E. Lewiss, "7 Ways to Promote Yourself on Social Media without Bragging," *Fast Company*, February 15, 2022, https://www.fastcompany.com/90719543/7-ways-to-promote-yourself-on-social-media-without-bragging

❽ Errol Morris, "The Anosognosic's Dilemma: Something's Wrong but You'll Never Know What It Is (Part 1)," *New York Times*, June 20, 2010, https://archive.nytimes.com/opinionator.blogs.nytimes.com/2010/06/20/the-anosognosics-dilemma-1/

❾ Tomas Chamorro-Premuzic, "Why Do So Many Incompetent Men Become Leaders?" *Harvard Business Review*, August 22, 2013, https://hbr.org/2013/08/why-do-so-many-incompetent-men

❿ ibid

⓫ Michael Seitchik, "Confidence and Gender: Few Differences, but Gender Stereotypes Impact Perceptions of Confidence," *Psychologist-Manager Journal*, vol. 23, issues 3–4, pp. 194–205, 2020, https://psycnet.apa.org/record/2020-87561-005

⓬ Stephanie Vozza, "How to Fix a Bad Reputation," *Fast Company*, May 6, 2019, https://www.fastcompany.com/90342095/how-to-fix-a-bad-reputation

⓭ Caroline Castrillon, "How Women Can Stop Apologizing and Take Their Power Back," *Forbes*, July 14, 2019, https://www.forbes.com/sites/carolinecastrillon/2019/07/14/how-women-can-stop-apologizing-and-take-their-power-back/?sh=538e0f1f4ce6

⓮ Tyler G. Okimoto, Michael Wenzel, and Kyli Hedrick, "Refusing to Apologize Can Have Psychological Benefits (and We Issue No Mea Culpa for This Research Finding)," *European Journal of Social Psychology*, vol. 43, issue 1, pp. 22–31, 2013, https://psycnet.apa.org/record/2013-03180-004

⓯ Elizabeth A. Segal, "When We Don't Apologize," *Psychology Today*, August 29, 2018, https://www.psychologytoday.com/us/blog/social-empathy/201808/when-we-don-t-apologize

## 第5章

❶ Laurie A. Boge, Carlos Dos Santos, Lisa A. Moreno-Walton, Luigi X. Cubeddu, and David A. Farcy, "The Relationship between Physician/Nurse Gender and Patients' Correct Identification of Health Care Professional Roles in the Emergency Department," *Journal of Women's Health*, vol. 28, issue 7, pp. 961–964, July 16, 2019, https://www.liebertpub.com/doi/10.1089/jwh.2018.7571

❷ "A History of Objectives and Key Results (OKRs)," Plai, https://www.plai.team/blog/history-of-objectives-and-key-results

❸ Leslie Jamison, "Why Everyone Feels Like They're Faking It," *The New Yorker*, February 6, 2023, https://www.newyorker.com/maga-zine/2023/02/13/the-dubious-rise-of-impostor-syndrome; Pauline Rose Clance and Suzanne Imes, "The Imposter Phenomenon in High Achieving Women: Dynamics and Therapeutic Intervention," *Psychotherapy Theory, Research and Practice*, vol. 15, issue 3, 1978, https://www.paulineroseclance.com/pdf/ip_high_achieving_women.pdf

❹ Sree Sreenivasan, "How to Use Social Media in Your Career," *New York Times*, https://www.nytimes.com/guides/business/social-media-for-career-and-business

❺ Roxanne Calder, "5 Ways to Figure Out If a Job Is Right for You," *Harvard Business Review*, September 23, 2022, https://hbr.org/2022/09/5-ways-to-figure-out-if-a-job-is-right-for-you

❻ Priya Fielding-Singh, Devon Magliozzi, and Swethaa Ballakrishnen, "Why Women Stay Out Of the Spotlight at Work," *Harvard Business Review*, August 28, 2018, https://hbr.org/2018/08/why-women-stay-out-of-the-spotlight-at-work

❼ Adaira Landry and Resa E. Lewiss, "How to Write a Letter of Recommendation—for Yourself," *Fast Company*, June 11, 2022, https://www.fastcompany.com/90757084/how-to-write-a-letter-of-recommendation-for-yourself

8. Blair Williams, "Simple Ways Leaders Can Keep Learning and Growing," *Forbes*, April 2, 2020, https://www.forbes.com/sites/theyec/2020/04/02/simple-ways-leaders-can-keep-learning-and-growing/?sh=61839a8618b8

## 第6章

1. "U.S. Medical School Department Chairs by Chair Type and Gender," Association of American Medical Colleges, https://www.aamc.org/data-reports/faculty-institutions/interactive-data/us-medical-school-chairs-trends
2. Bryan Strickland, "Diversity among CEOs, CFOs Continues to Rise," *Journal of Accountancy*, August 23, 2022, https://www.journalofaccountancy.com/news/2022/aug/diversity-among-ceos-cfos-continues-rise.html#:~:text=Overall%2C%2088.8%25%20of%20CEOs%2C,%2C%20and%2088.1%25%20are%20men
3. "The Power Gap in Massachusetts K–12 Education," Women's Power Gap Study Series, 2021, https://www.renniecenter.org/sites/default/files/2021-11/K12%20Power%20Gap.pdf
4. Karen Gross, "How You Introduce Yourself Really Matters—Especially Now," Aspen Institute, September 12, 2016, https://www.aspeninstitute.org/blog-posts/introduce-really-matters-especially-now/
5. David M. Mayer, "How Not to Advocate for a Woman at Work," *Harvard Business Review*, July 26, 2017, https://hbr.org/2017/07/how-not-to-advocate-for-a-woman-at-work
6. Mary Sharp Emerson, "Is Your Workplace Communication Style as Effective as It Could Be?" Harvard Division of Continuing Education, February 4, 2022, https://professional.dce.harvard.edu/blog/is-your-workplace-communication-style-as-effective-as-it-could-be/
7. "13 Times In-Person Communication Is Better than Electronic Exchanges," *Forbes*, July 17, 2020, https://www.forbes.com/sites/forbescoachescouncil/2020/07/17/13-times-in-person-communication-is-better-than-electronic-exchanges/?sh=756e87652eb7
8. "Organization Chart," Inc.com, https://www.inc.com/encyclopedia/organization-chart.html
9. Christine Organ and Cassie Bottorff, "Employee Handbook Best Practices in 2023," *Forbes Advisor*, updated October 18, 2022, https://www.forbes.com/advisor/business/employee-handbook/
10. Melissa Dahl, "Can You Blend in Anywhere? Or Are You Always the Same You?" *The Cut*, March 15, 2017, https://www.thecut.com/2017/03/heres-a-test-to-tell-you-if-you-are-a-high-self-monitor.html
11. Resa E. Lewiss, Julie K. Silver, Carol A. Bernstein, et. al., "Is Academic Medicine Making Mid-Career Women Physicians Invisible?" *Journal of Women's Health*, vol. 29, no. 2, February 7, 2020, https://www.liebertpub.com/doi/10.1089/jwh.2019.7732?url_ver=Z39.88-2003&rfr_id=ori%3Arid%3Acrossref.org&rfr_dat=cr_pub++0pubmed
12. David G. Smith and W. Brad Johnson, *Good Guys*, Harvard Business Review Press, October 13, 2020
13. Rebecca Boone, "Attacks at medical centers contribute to health care being one of nation's most violent fields," *PBS*, August 7, 2023, https://www.pbs.org/newshour/health/attacks-at-medical-centers-contribute-to-health-care-being-one-of-nations-most-violent-fields
14. Hildegunn Sagvaag, Silje Lill Rimstad, Liv Grethe Kinn, and Randi Wågø Aas, "Six Shades of Grey: Identifying Drinking Culture and Potentially Risky Drinking Behaviour in the Grey Zone between Work and Leisure," *Journal of Public Health Research*, vol. 8, issue 2, p 1585, September 5, 2019, https://www.

ncbi.nlm.nih.gov/pmc/articles/PMC6747020/

⓯ Kim Elsesser, "These 6 Surprising Office Romance Stats Should Be a Wake-Up Call for Organizations," *Forbes*, February 14, 2019, https://www.forbes.com/sites/kimelsesser/2019/02/14/these-6-surprising-office-romance-stats-should-be-a-wake-up-call-to-organizations/?sh=23d6ff3223a2

⓰ "Culture Transformation," *Gallup*, https://www.gallup.com/workplace/229832/culture.aspx?utm_source=google&utm_medium=cpc&utm_campaign=workplace_non-branded_cuture&utm_term=organizational%20culture&utm_content=culture_audit&gclid=Cj0KCQjwlumhBhClARIsABO6p-ztKCzeFrnCpWpnDa6C7-mHgs7MD-nWYe88RMPgUgpeXWW_MGVrAHAQaAgH7EALw_wcB

⓱ Donald Sull, Charles Sull, and Ben Zweig, "Toxic Culture Is Driving the Great Resignation," *MIT Sloan Management Review*, January 11, 2022, https://sloanreview.mit.edu/article/toxic-culture-is-driving-the-great-resignation/

⓲ "Visual Thinking Strategies (VTS)," Milwaukee Art Museum, http://teachers.mam.org/collection/teaching-with-art/visual-thinking-strategies-vts/

## 第 7 章

❶ Abby Wambach, *Wolfpack: How to Come Together, Unleash Our Power, and Change the Game*, Celadon Books, April 9, 2019

❷ Joseph V. Simone, "Understanding Academic Medical Centers: Simone's Maxims," *Clin Cancer Res*, vol. 5, issue 9, pp. 2281-2285, September 1, 1999, https://aacrjournals.org/clincancerres/article/5/9/2281/287826/Understanding-Academic-Medical-Centers-Simone-s

❸ Robert Waldinger and Marc Shulz, "The Good Life: Lessons from the World's Longest Scientific Study of Happiness," Simon & Schuster, January 10, 2023

❹ Amy Edmondson, "Psychological Safety and Learning Behavior in Work Teams," *Administrative Science Quarterly*, vol. 44, no. 2, pp. 350- 383, June 1999, https://journals.sagepub.com/doi/10.2307/2666999

❺ Julia Rosovski, "The five keys to a successful Google team," *re:Work*, November 17, 2015, https://rework.withgoogle.com/blog/five-keys-to-a-successful-google-team/; "Understand team effectiveness," *re:Work*, https://rework.withgoogle.com/print/guides/5721312655835136/

❻ Sian Ferguson, "Yes, Mental Illness Can Impact Your Hygiene. Here's What You Can Do about It," *Healthline*, October 28, 2019, https://www.healthline.com/health/mental-health/mental-illness-can-impact-hygiene#Why-is-it-so-hard-to-brush-my-teeth-or-shower?

❼ Amy Morin, "7 Scientifically Proven Benefits of Gratitude," *Psychology Today*, April 3, 2015, https://www.psychologytoday.com/us/blog/what-mentally-strong-people-dont-do/201504/7-scientifically-proven-benefits-of-gratitude

❽ James Cook, "More than two-thirds of female employees believe they deserve more recognition," *Business Leader*, July 20, 2022, https://www.businessleader.co.uk/more-than-two-thirds-of-female-employees-believe-they-deserve-more-recognition/; Ruchika Tulshyan, "Women of Color Get Asked to Do More 'Office Housework.' Here's How They Can Say No," *Harvard Business Review*, April 6, 2018, https://hbr.org/2018/04/women-of-color-get-asked-to-do-more-office-housework-heres-how-they-can-say-no

❾ Jennifer J. Freyd, "Institutional Betrayal and Institutional Courage," Freyd Dynamics Lab, https://dynamic.uoregon.edu/jjf/institution-albetrayal/

❿ Art Markman, "How to Help a Colleague Who Seems Off Their Game," *Harvard Business Review*,

September 25, 2018, https://hbr.org/2018/09/how-to-help-a-colleague-who-seems-off-their-game

⓫ Rebecca Knight, "When You're Stuck Working with a Slacker," *Harvard Business Review*, May 14, 2021, https://hbr.org/2021/05/when-youre-stuck-working-with-a-slacker

⓬ School of Infection and Immunity, "Core Hours Policy," University of Glasgow, https://www.gla.ac.uk/schools/infectionimmunity/athenaswan/athenaswaninitiatives/#corehourspolicy

⓭ Adaira Landry and Resa E. Lewiss, "Four Evidence-backed Reasons to Say 'No' to Early-morning Meetings," *Nature*, October 26, 2022, https://www.nature.com/articles/d41586-022-03461-6?utm_medium=Social&utm_campaign=nature&utm_source=Twitter#Echobox=1666871412

⓮ Holley Linkous, "How Can We Help? Adult Learning as Self-Care in COVID-19," *New Horizons in Adult Education and Human Resource Development*, vol. 33, issue 2, pp. 65–70, May 29, 2021, https://www.ncbi.nlm.nih.gov/pmc/articles/PMC8207015/

⓯ Pam Belluck, "Long Covid Is Keeping Significant Numbers of People Out of Work, Study Finds," *New York Times*, January 24, 2023, https://www.nytimes.com/2023/01/24/health/long-covid-work.html

⓰ The Officevibe Content Team, "Statistics on the Importance of Employee Feedback," *Officevibe*, October 7, 2014, updated December 1, 2022, https://officevibe.com/blog/infographic-employee-feedback

⓱ Douglas Stone and Sheila Heen, *Thanks for the Feedback: The Science and Art of Receiving Feedback Well*, Penguin Books, March 31, 2015

## 第8章

❶ Melissa Summer, "Introverts and Leadership – World Introvert Day," *The Myers-Briggs Company*, January 2, 2020, https://www.themyers-briggs.com/en-US/Connect-With-Us/Blog/2020/January/World-Introvert-Day-2020

❷ Rebecca Knight, "How to Be Good at Managing Both Introverts and Extroverts," *Harvard Business Review*, November 16, 2015, https://hbr.org/2015/11/how-to-be-good-at-managing-both-introverts-and-extroverts; Susan Cain, *Quiet: The Power of Introverts in a World That Can't Stop Talking*, Crown, January 29, 2013; Devora Zack, *Networking for People Who Hate Networking*, Second Edition: *A Field Guide for Introverts, the Overwhelmed, and the Underconnected*, Berrett-Koehler Publishers, May 21, 2019; Susan Cain, "The Power of Introverts," *TED2012*, 2012, https://www.ted.com/talks/susan_cain_the_power_of_introverts

❸ Devora Zack, "Networking for People Who Hate Networking: A Field Guide for Introverts, the Overwhelmed, and the Underconnected," Berrett-Koehler Publishers, May 21, 2019

❹ Ben Dattner, "The Psychology of Networking," *Psychology Today*, May 4, 2008, https://www.psychologytoday.com/intl/blog/credit-and-blame-at-work/200805/the-psychology-of-networking

❺ Lewis Schiff, "The Most Influential People Only Have 6 People in Their Inner Circles," *Insider*, April 28, 2013, https://www.busines-sinsider.com/successful-people-have-small-network-2013-4

❻ Adaira Landry and Resa E. Lewiss, "7 Ways to Promote Yourself on Social Media Without Bragging," *Fast Company*, February 15, 2022, https://www.fastcompany.com/90719543/7-ways-to-promote-yourself-on-social-media-without-bragging

❼ Adaira Landry and Resa E. Lewiss, "Is Good Mentorship Found on Twitter? We Think So," *European Journal of Emergency Medicine*, vol. 28, issue 1, pp. 9–10, January 2021, https://journals.lww.com/euro-emergencymed/Citation/2021/01000/Is_good_mentorship_found_on_Twitter We_think_so.5.aspx

❽ "Your Network and Degrees of Connection," LinkedIn, updated February 23, 2022, https://www.

linkedin.com/help/linkedin/answer/a545636/your-network-and-degrees-of-connection?lang=en

❾ Cathy Paper, "3 Tips for Sharing Your Business Network," *The Business Journals*, October 18, 2016, https://www.bizjournals.com/bizjournals/how-to/marketing/2016/10/3-tips-for-sharing-your-business-network.html

## 第 9 章

❶ CPP Inc., "Workplace Conflict and How Business Can Harness It to Thrive," July 2008, https://img.en25.com/Web/CPP/Conf lict_report.pdf

❷ Elizabeth Leiba, *I'm Not Yelling: A Black Woman's Guide to Navigating the Workplace*, Mango, December 13, 2022; Paula A. Johnson, Sheila E. Widnall, and Frazier F. Benya, "Sexual Harassment of Women: Climate, Culture, and Consequences in Academic Sciences, Engineering, and Medicine," National Academies Press, Washington, DC, 2018

❸ Associated Press, "It's No Trick: Merriam-Webster Says 'Gaslighting' Is the Word of the Year," *NPR*, November 28, 2022, https://www.npr.org/2022/11/28/1139384432/its-no-trick-merriam-webster-says-gaslighting-is-the-word-of-the-year#:~:text=April%202%2C%201962.-,%22Gaslighting%22%20%E2%80%94%20mind%20manipulating%2C%20grossly%20misleading%2C%20downright%20deceitful,Merriam%2DWebster's%20word%20of%202022

❹ Jennifer J. Freyd, "What is DARVO?" https://dynamic.uoregon.edu/jjf/defineDARVO.html

❺ Resa E. Lewiss, David G. Smith, Shikha Jain, W. Brad Johnson, and Jennifer J. Freyd, "Who's Really the Victim Here?" *MedPage Today*, June 2, 2022, https://www.medpagetoday.com/opinion/second-opinions/99015

❻ Resa E. Lewiss, W. Brad Johnson, David G. Smith, and Robin Naples, "Stop Protecting 'Good Guys,'" *Harvard Business Review*, August 1, 2022, https://hbr.org/2022/08/stop-protecting-good-guys

❼ "Workplace Conflict and How Business Can Harness It to Thrive," July 2008, https://img.en25.com/Web/CPP/Conf lict_report.pdf

❽ Kyoko Yamamoto, Masanori Kimura, and Miki Osaka, "Sorry, Not Sorry: Effects of Different Types of Apologies and Self-Monitoring on Non-verbal Behaviors," *Frontiers in Psychology*, vol. 12, August 26, 2021, https://www.ncbi.nlm.nih.gov/pmc/articles/PMC8428520/

❾ Kyoko Yamamoto et al., ibid.

❿ Leanneten Brinke and Gabrielle S. Adams, "Saving Face? When Emotion Displays during Public Apologies Mitigate Damage to Organizational Performance," *Organizational Behavior and Human Decision Processes*, vol. 130, pp. 1–12, September 2015, https://www.science-direct.com/science/article/abs/pii/S0749597815000540?via%3Dihub

⓫ Amy Edmondson, *The Fearless Organization: Creating Psychological Safety in the Workplace for Learning, Innovation, and Growth*, Wiley, November 20, 2018

⓬ Kelly Lockwood Primus, "Why the Most Successful Leaders Create a Psychologically Safe Workplace," *Forbes*, March 17, 2023, https://www.forbes.com/sites/forbeshumanresourcescouncil/2023/03/17/why-the-most-successful-leaders-create-a-psychologically-safe-workplace/?sh=33a5d7867c2c

⓭ Donald Sull, Charles Sull, and Ben Zweig, "Toxic Culture Is Driving the Great Resignation," *MIT Sloan Management Review*, January 11, 2022, https://sloanreview.mit.edu/article/toxic-culture-is-driving-the-great-resignation/

14. Avraham N. Kluger and Angelo DeNisi, "The Effects of Feedback on Performance: A Historical Review, a Meta-Analysis, and a Preliminary Feedback Intervention Theory," *Psychological Bulletin*, vol. 119, no. 2, pp. 254–284, 1996, https://mrbartonmaths.com/re-sourcesnew/8.%20Research/Marking%20and%20Feedback/The%20effects%20of%20feedback%20interventions.pdf
15. "People Underestimate Others' Desire for Constructive Feedback," March 24, 2022, https://www.apa.org/news/press/releases/2022/03/constructive-criticism
16. Daphna Motro, Debra R. Comer, and Janet A. Lenaghan, "Examining the Effects of Negative Performance Feedback: The Roles of Sadness, Feedback Self-efficacy, and Grit," *Journal of Business and Psychology*, March 13, 2020, https://sci-hub.ru/10.1007/s10869-020-09689-1
17. Minda Harts, *The Memo: What Women of Color Need to Know to Secure a Seat at the Table*, Seal Press, August 20, 2019
18. Amy Gallo, "Getting Along: How to Work with Anyone (Even Difficult People)," *The Visible Voices Podcast*, February 8, 2023, https://www.thevisiblevoicespodcast.com/episodes/OLWhRaEjTp-inK-fXQpRiww
19. "MBTI® personality types," *The Myers-Briggs Company*, https://eu.themyersbriggs.com/en/tools/MBTI/MBTI-personality-Types; "Clifton Strengths," *Gallup*, https://www.gallup.com/cliftonstrengths/en/home.aspx?utm_source=google&utm_medium=cpc&utm_campaign=us_strengths_branded_cs_ecom&utm_term=cliftonstrengths&gclid=Cj0KCQjwlPWgBhDHARIsAH2xdNe40mvF8ZxDc1GBjT_oft7zSnCU2tgX18e4a3xu05kuLeUTCdBUaNMaAvw-zEALw_wcB
20. "The 16 MBTI® Personality Types," *The Myers & Briggs Foundation*, https://www.myersbriggs.org/my-mbti-personality-type/the-16-mbti-personality-types/
21. Matthias R. Mehl, Simine Vazire, Nairán Ramírez-Esparza, Richard B. Slatcher, and James W. Pennebaker, "Are Women Really More Talkative Than Men?" *Science*, vol. 317, issue 5834, p. 82, July 6, 2007, https://www.science.org/doi/10.1126/science.1139940
22. Douglas Stone, Bruce Patton, and Sheila Heen, "Difficult Conversations: How to Discuss What Matters Most," Penguin Books, November 2, 2010
23. Kierstin Kennedy, Teresa Cornelius, Aziz Ansari, et. al., "Six steps to conflict resolution: Best practices for conflict management in health care," *Journal of Hospital Medicine*, vol. 18, issue 4, December 22, 2022, https://shmpublications.onlinelibrary.wiley.com/authored-by/Ansari/Aziz
24. Tomas Chamorro-Premuzic, "Why Do So Many Incompetent Men Become Leaders?" *Harvard Business Review*, August 22, 2013, https://hbr.org/2013/08/why-do-so-many-incompetent-men
25. Steven Stosny, "Self-Confidence, Under Confidence, Overconfidence," *Psychology Today*, November 29, 2022, https://www.psychologytoday.com/us/blog/anger-in-the-age-entitlement/202211/self-confidence-under-confidence-overconfidence
26. Gwen Moran, "Women still feel they have to soften their communication at work," *Fast Company*, October 11, 2019, https://www.fastcompany.com/90413951/women-still-feel-they-have-to-soften-their-communication-at-work
27. Gwen Moran, "The Right Way to Fire Someone," *Fast Company*, January 12, 2017, https://www.fastcompany.com/3066961/the-right-way-to-fire-someone
28. Joanna York, "Is HR Ever Really Your Friend?" *BBC*, October 24, 2021, https://www.bbc.com/worklife/article/20211022-is-hr-ever-really-your-friend

## 第 10 章

❶ Andrew K. Przybylski, Kou Murayama, Cody R. DeHaan, and Valerie Gladwell, "Motivational, Emotional, and Behavioral Correlates of Fear of Missing Out," *Computers in Human Behavior*, vol. 29, issue 4, pp. 1841–1848, July 2013, https://www.sciencedirect.com/science/article/abs/pii/S0747563213000800?via%3Dihub

❷ Andrew K. Przybylski et al., ibid.

❸ Pengcheng Wang, Xingchao Wang, Jia Nie, Pan Zeng, Ke Liu, Jiayi Wang, Jinjin Guo, and Li Lei, "Envy and Problematic Smartphone Use: The Mediating Role of FOMO and the Moderating Role of Student-student Relationship," *Personality and Individual Differences*, vol. 146, pp. 136–142, August 1, 2019, https://www.sciencedirect.com/science/article/abs/pii/S0191886919302363

❹ Kathy Gurchiek, "Address Skills Gap by Identifying 'Skill Adjacencies,'" *SHRM*, March 5, 2021, https://www.shrm.org/resourcesandtools/hr-topics/organizational-and-employee-development/pages/address-skills-gap-by-identifying-skill-adjacencies-.aspx

❺ McKinsey & Company, "Five Fifty: The Skillful Corporation," *McKinsey Quarterly*, https://www.mckinsey.com/capabilities/people-and-organizational-performance/our-insights/five-fifty-the-skillful-corporation

❻ Indeed Editorial Team, "150 Business Resume Buzzwords (With Tips)," Indeed.com, updated June 24, 2022, https://www.indeed. com/career-advice/resumes-cover-letters/business-resume-buzz-words

❼ Christine L. Exley and Judd B. Kessler, "The Gender Gap in Self-Promotion," *Quarterly Journal of Economics*, vol. 137, issue 3, pp. 1345–1381, August 2022, https://academic.oup.com/qje/article/137/3/1345/6513425

❽ Curt Rice, "How McKinsey's Story Became Sheryl Sandberg's Statistic—and Why It Didn't Deserve To," *HuffPost UK*, April 24, 2014, https://www.huffingtonpost.co.uk/curt-rice/how-mckinseys-story-became-sheryl-sandbergs-statistic-and-why-it-didnt-deserve-to_b_5198744.html?guce_referrer=aHR0cHM6Ly93d3cuZ29vZ2xlLmNvbS8&guce_referrer_sig=AQAAAJ4BfyBCOz1CMcpRBTbA45LxMTbi0Yq-In6EjNuUH-d7fRatlRcNmELW5XC_J_Jgr8ZmWYFZFs8CUTEVPCjVKUPV5JgrAVX_HTKlhQ3x-lOgX9tGGg7OcKwst6fs_oiGQ-ibOoLry-GGfUkC1DZlw4WavVnR86g51bL0Ez0kxkKht&guccounter=2

❾ Tara Sophia Mohr, "Why Women Don't Apply for Jobs Unless They're 100% Qualified," *Harvard Business Review*, August 25, 2014, https://hbr.org/2014/08/why-women-dont-apply-for-jobs-unless-theyre-100-qualified

❿ Lisa Frye, "Reviewing Employee E-Mails: When You Should, When You Shouldn't," *SHRM*, May 15, 2017, https://www.shrm.org/re-sourcesandtools/hr-topics/employee-relations/pages/reviewing-employee-e-mails-when-you-should-when-you-shouldnt.aspx

⓫ Adaira Landry and Resa E. Lewiss, "How to Write a Letter of Recommendation—for Yourself," *Fast Company*, June 11, 2022, https://www.fastcompany.com/90757084/how-to-write-a-letter-of-recommendation-for-yourself

⓬ Rebecca Knight, "How to Say No to Taking On More Work," *Harvard Business Review*, December 29, 2015, https://hbr.org/2015/12/how-to-say-no-to-taking-on-more-work

# 延伸資源

## 第 1 章

更健康的人際關係

實現真正的自我照顧需要落實制度性變革

自我照顧沒有一套固定的「準則」

## 第 2 章

時間管理

使用清單會讓人變笨嗎？

管理待辦事項清單

## 第 3 章

有效溝通

快速思考、智慧溝通

提升電子郵件技巧

## 第 4 章

TED 演講

有效地表達不滿

《富比士》

## 第 5 章

麥爾坎·葛拉威爾（Malcolm Gladwell）和羅伯特·克魯維奇（Robert Krulwich）：成功之道

《蘋果橘子經濟學》（Freakonomics）

《商業內幕》（Business Insider）

## 第 6 章

文化、坦誠、其他相關主題

檢視自身優勢

《哈佛商業評論》Ascend 平台

## 第 7 章

TED 演講 派崔克·倫西奧尼（Patrick Lencioni）

《可見之聲》

《富比士》

## 第 8 章

TEDxPortland

人際關係培訓

LinkedIn

## 第 9 章

TED 演講

《哈佛商業評論》職場女性指南

《富比士》

## 第 10 章

TED 演講

Podcast

《富比士》

國家圖書館出版品預行編目(CIP)資料

原子技巧/艾黛拉.蘭德瑞(Adaira Landry), 瑞莎.盧伊斯(Resa E. Lewiss)著 ; 何玉方譯. -- 初版. -- 臺北市 : 城邦文化事業股份有限公司商業周刊, 2024.11
面； 公分
譯自 : MicroSkills
ISBN 978-626-7492-60-4 (平裝)
1.CST: 職場成功法 2.CST: 基本知能

494.35 113014750

# 原子技巧


| | |
|---|---|
| 作者 | 艾黛拉・蘭德瑞、瑞莎・盧伊斯 |
| 譯者 | 何玉方 |
| 商周集團執行長 | 郭奕伶 |
| | |
| 商業周刊出版部 | |
| 責任編輯 | 林雲 |
| 封面設計 | 陳文德 |
| 內頁排版 | 林婕瀅 |
| 圖片版權 | © 2024 Harlequin Enterprises ULC |
| 出版發行 | 城邦文化事業股份有限公司 - 商業周刊 |
| 地址 | 115020台北市南港區昆陽街16號6樓<br>電話：(02) 2505-6789　傳真：(02) 2503-6399 |
| 讀者服務專線 | (02) 2510-8888 |
| 商周集團網站服務信箱 | mailbox@bwnet.com.tw |
| 劃撥帳號 | 50003033 |
| 戶名 | 英屬蓋曼群島商家庭傳媒股份有限公司城邦分公司 |
| 網站 | www.businessweekly.com.tw |
| 香港發行所 | 城邦（香港）出版集團有限公司<br>香港灣仔駱克道193號東超商業中心1樓<br>電話：(852) 2508-6231 傳真：(852) 2578-9337<br>E-mail：hkcite@biznetvigator.com |
| 製版印刷 | 中原造像股份有限公司 |
| 總經銷 | 聯合發行股份有限公司 電話：(02) 2917-8022 |
| 初版1刷 | 2024年11月 |
| 定價 | 台幣420元 |
| ISBN | 978-626-7492-60-4（平裝） |
| EISBN | 9786267492581 (PDF)<br>9786267492598 (EPUB) |

藍學堂

學習・奇趣・輕鬆讀